ENTRE ÁTOMOS Y FOTONES
Física y Radiología en el Periodo de Entreguerras

Eloy Calvo Pérez

ENTRE ÁTOMOS Y FOTONES
Física y Radiología en el Periodo de Entreguerras
© Eloy Calvo Pérez
e-mail: eloycalvop@gmail.com
http://tecnicaradiologica-ecp.jimdo.com
Reservados todos los derechos a favor del autor.
Fotografía de portada: 5ª Conferencia Solvay 1927.
Wikipedia Dominio Público.
ISBN: 9781973391937
Sello: Independently published

Índice

"Un científico en su laboratorio no es sólo un técnico. Es, también, un niño colocado ante fenómenos naturales que le impresionan como un cuento de hadas".

Marie Curie

"Yo no he trabajado de ninguna manera en la fisión del átomo con la idea de producir armas mortíferas. No debéis culparnos a los científicos por el uso para la guerra que los técnicos han hecho de nuestros descubrimientos".

Lise Meitner

"Cuanto más alejado está un experimento de la teoría, más cerca está del Premio Nobel".

Irène Joliot-Curie

A la pequeña *Sofía* con el deseo y la esperanza de que, algún día, llegue a atesorar tanto conocimiento como su nombre indica.

Y a sus padres para que acierten a la hora de ayudarla a transitar ese difícil camino.

PRÓLOGO

Si tuviéramos que sintetizar la historia de la ciencia radiológica, desde aquel lejano 8 de noviembre de 1895 en el que *Roentgen* descubrió la radiación X, podríamos hacerlo definiendo tres periodos perfectamente diferenciados.

El primero de ellos abarcaría desde el descubrimiento de los rayos X hasta más o menos el final de la Primera Guerra Mundial. Sería por tanto el periodo comprendido entre 1896 y 1920. Y podríamos decir que fue la época de los pioneros; la de aquellos hombres y mujeres, físicos y médicos sobre todo, que se lanzaron a una apasionante aventura sin fronteras, ávidos de conocimiento.

Seguramente, todos ellos habrían deseado que ocurriera de otra manera pero por desgracia fue un conflicto armado, la Primera Guerra Mundial, el que catapultó a la radiología a la categoría de ciencia médica.

Fue, precisamente, al terminar la guerra cuando la radiología fue reconocida como especialidad médica coincidiendo, además, con la creación de las primeras cátedras universitarias. Y ello fue así porque, si bien la técnica radiológica apenas avanzó durante el conflicto, la organización de los servicios radiológicos pasó de ser prácticamente inexistente antes de la guerra a estar perfectamente definida al final de la misma.

El que es considerado el segundo periodo de la Radiología comprendería desde 1920 hasta 1960, aproximadamente. Sin lugar a dudas, fue una época de desarrollo caracterizada por la aparición de nuevas técnicas y el perfeccionamiento de las ya existentes. Se dice de este periodo que representó la "edad de oro "de la radiología norteamericana pues fue en los Estados Unidos donde se produjeron la mayor parte de los avances tecnológicos que sirvieron de motor a esta disciplina médica.

Sería también, en este segundo periodo, en el que se adquiriera una mayor conciencia sobre los riesgos de las radiaciones ionizantes y la necesidad de protegerse contra las mismas.

La década de 1960 se considera el inicio del tercer periodo de la radiología, el que llega hasta nuestros días. Se caracteriza por la evolución de las técnicas de estudio existentes, pero sobre todo por la aparición de nuevas modalidades, algunas de las cuales utilizan fuentes de energía distintas a los rayos X para formar la imagen. Me estoy refiriendo a los Ultrasonidos, el PET, el SPECT y la Resonancia Magnética.

Otra característica de este último periodo ha sido la sustitución de la imagen analógica por la imagen digital que ha "retirado de la circulación" los viejos negatoscopios en beneficio de los equipos informáticos y las estaciones de trabajo y todo ello, unido a la integración de los sistemas de archivo y comunicación de imágenes (PACS) con los sistemas de información hospitalaria y radiológica (HIS/RIS), ha contribuido a cambiar el aspecto de las actuales Unidades de Radiodiagnóstico.

A la vista del desarrollo experimentado por la Radiología en los últimos años, cabría preguntarse si no nos encontramos a las puertas de un nuevo periodo. Con todas las reservas y con la prudencia que ha de presidir cualquier análisis, hay una serie de indicadores que no pueden pasarse por alto y por encima de todos ellos, la evolución de los sistemas de información. Es sabido que los modernos equipos informáticos duplican sus capacidades, aproximadamente, cada año y medio y lo es también que los sistemas de información se encuentran en el epicentro del actual desarrollo tecnológico.

Es por ello que, sin olvidar los aspectos científicos, educativos, éticos y, por supuesto, económicos, podría pensarse que la Radiología se encuentra en la frontera de una nueva era, al lado de otras especialidades médicas, en lo que algunos han venido en denominar "medicina exponencial".

Pues bien, el objeto de este libro es profundizar en los hechos más relevantes de la radiología y la radioterapia de los primeros veinte años de ese segundo periodo, el denominado de "**entreguerras**" y hacerlo colocando en un lugar destacadísimo a los personajes que con sus investigaciones, fundamentalmente en el campo de la física, los hicieron posibles.

El desarrollo que alcanzó la ciencia física durante el "periodo de entreguerras" fue sencillamente espectacular. Además de las discusiones respecto a las "Teorías de la Relatividad" enunciadas por *Einstein*, la mecánica cuántica y el núcleo atómico se situaron en el centro de todas las investigaciones. La fisión nuclear y el descubrimiento de la radiactividad artificial fueron dos de los grandes logros, fruto de las mismas.

A ambos nos referiremos a lo largo del libro. Al primero, la fisión nuclear, porque las investigaciones que siguieron a su descubrimiento culminaron en uno de los hechos más luctuosos que, hasta la fecha, ha sufrido la humanidad: la fabricación y lanzamiento de dos bombas atómicas. Al segundo, la radiactividad artificial, porque no sólo condicionó el futuro de la radioterapia sino que, años después, tendría mucho que ver en el nacimiento de una nueva disciplina médica: la medicina nuclear.

Serán muchos los científicos -físicos en su mayoría, pero también químicos o matemáticos- que pasen por estas páginas. La mayor parte de ellos, al margen de otras distinciones, fueron reconocidos en su momento con el Premio Nobel de Física o Química y en algún momento de su carrera investigaron o realizaron alguna "inmersión" en el mundo de los rayos X.

Muchos de estos hombres de ciencia participaron, al comienzo de los años 40, en el *Proyecto Manhattan*. Se trataba de la investigación que pretendía, y consiguió, desarrollar una bomba atómica a partir de fisiones nucleares en cadena controladas. Dedicaremos un capítulo a narrar la participación de todos ellos en este proyecto.

Siempre me llamó la atención, al estudiar el nacimiento y desarrollo de la radiología, y en general el de la física a lo largo de la primera mitad del siglo XX, el comportamiento tan diferente que existía en Europa y EEUU. Mientras que en Europa podríamos hablar de "investigación pura" o investigación académica, organizada en torno al *Cavendish Laboratory* de Cambridge, al *Institut Curie* de Paris, al Instituto para la investigación sobre el radio de Viena o al *Kaiser Wilhelm Institut* de Berlín, en EEUU la investigación tenía un "sentido más práctico". Cierto es que desarrollar una idea, tras haber registrado la correspondiente patente, requiere financiación y, en el periodo al que nos estamos refiriendo, resultaba mucho más fácil encontrarla en un país que no había sufrido, en la misma medida que los países europeos, las consecuencias que conllevó la Gran Guerra. Si en algún país, "sobraba" el dinero, era en Estados Unidos.

La reflexión anterior, que habrá quien no comparta, me llevó a "buscar" a algún personaje que se hubiera significado en este periodo por sus aportaciones prácticas o, dicho de otra manera, por sus inventos. Y enseguida me vino a la cabeza la figura de *Nikola Tesla*. Si, ya sé que la mayor parte de sus grandes aportaciones se realizaron con anterioridad al periodo del que queremos hablar y que, incluso, esos años fueron los menos prolíficos de su carrera. Pero si eso aconteció así, se debió fundamentalmente a falta de financiación y no a ausencia de ideas.

Por extrañas, por adelantadas a su época o por falta de confianza de los inversores, muchas de las ideas de *Tesla* no se desarrollaron en su momento pero o han servido de base para investigaciones realizadas décadas después o todavía permanecen en "*stand by*" mientras algunos se siguen preguntando si son posibles o son, tan sólo, fruto de la imaginación de un iluminado.

Un anexo, al final del libro, intentará describir la compleja personalidad de este serbio-norteamericano así como realizar un pequeño recorrido por los aspectos más fascinantes de su biografía. Creo que la persona que da su nombre a la unidad de inducción magnética, en el Sistema Internacional de Unidades, se merece, cuando menos, este modesto reconocimiento por parte de quien, como el que escribe, ha dedicado unos cuántos años de su trabajo a la enseñanza y a la práctica de la Resonancia Magnética Nuclear.

Es probable que alguno de los términos que aparezcan a lo largo de los distintos capítulos no se conozca o, aún conociéndolo, precise de alguna aclaración. Por ello, un segundo anexo recogerá un glosario con muchos de los términos físicos que figuren en los distintos capítulos del libro.

Sólo decir para terminar que las páginas que siguen a continuación no son, en definitiva, sino un modestísimo homenaje a todos esos hombres y mujeres –éstas superando mil y una dificultades de todo tipo- que con su trabajo ayudaron a situar a la física en general y a la "ciencia radiológica", en particular, en el lugar que actualmente ocupa. Destacaremos sus "luces" e intentaremos actuar con equidad al juzgar las "sombras" que, inevitablemente, siempre las acompañan.

Guadalajara, Enero-Diciembre 2017

LA RADIOLOGÍA Y LA RADIOTERAPIA HASTA EL FINAL DE LA GRAN GUERRA

El día de la firma del armisticio que puso fin a la Primera Guerra Mundial habían transcurrido 23 años desde aquel noviembre de 1895 en el que *Wilhelm Conrad Röntgen* descubriera la radiación X, cuando estudiaba las propiedades de los rayos catódicos trabajando con tubos de vacío.

La noticia se había propagado como la pólvora desde el mismo momento de producirse y ello, unido al hecho de que *Röntgen* siguiendo la tradición universitaria alemana no quisiera patentar el descubrimiento, favoreció que, a los pocos meses, en medio mundo se pudieran estar replicando las experiencias del físico alemán.

Más allá de la enorme acogida popular, materializada en atracciones de feria o en discursos de charlatanes, el descubrimiento de los rayos X representó una revolución en los campos de la física y la medicina, y una parte importante de los hombres de ciencia se volcaron en su estudio. Acababa de nacer un nuevo método de diagnóstico médico y la medicina así lo entendió.

Wilhelm Conrad Röntgen

Curiosamente, no había transcurrido medio año desde el hallazgo de *Röntgen* cuando, en 1896, *Henri Becquerel* descubrió que ciertas sales de uranio emitían radiaciones de una manera espontánea. Acababa de descubrir la radiactividad natural, fenómeno cuyo estudio posterior se debió casi en exclusiva al matrimonio formado por *Pierre* y *Marie Curie*.

A partir de la pechblenda, *Pierre* y *Marie Curie*, consiguieron aislar dos nuevos elementos a los que denominaron polonio y radio. Esto acontecía entre los meses de julio y diciembre de 1898. Con posterioridad, en 1902, *Marie* obtendría un gramo de cloruro de radio tras manipular 8 toneladas de pechblenda.

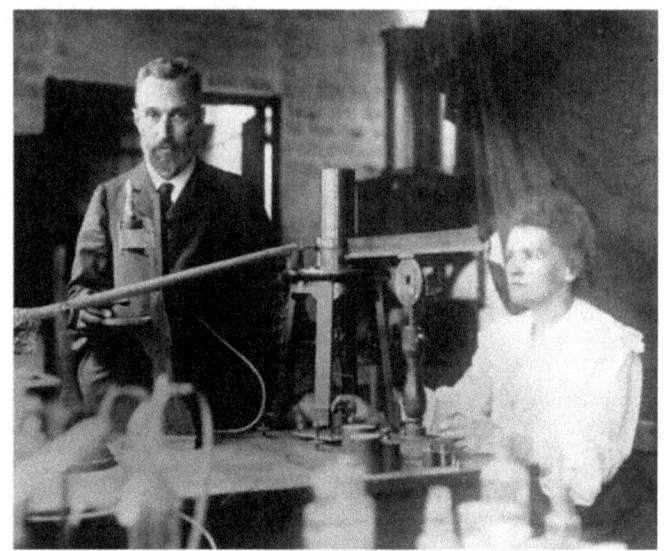

Pierre y Marie Curie en el laboratorio de la calle Lhomond hacia 1900

Desde el descubrimiento de los rayos X hasta la obtención del ansiado gramo de radio habían transcurrido 7 años y todo estaba dispuesto para la consolidación de dos disciplinas médicas que, aunque con unas bases físicas distintas, mantenían no pocos elementos comunes. Me estoy refiriendo a la radiología y a la radioterapia.

Así como con los rayos X se tuvo la certeza, desde el mismo momento de su descubrimiento, de su utilidad para diagnosticar fracturas y cuerpos extraños, fundamentalmente, no ocurrió lo mismo con la radiación emitida por el uranio, el polonio y el radio. Sería en 1901, unos años después del descubrimiento de *Becquerel*, cuando se tuviera la certeza de que el radio podía utilizarse para destruir tumores.

Los profanos en la materia podrían hacerse una idea de la importancia de todos estos descubrimientos con solo acceder al historial de los Premios Nobel. A *Röntgen* se le otorgó el de Física en 1901, año en el que se creó tal distinción, por el descubrimiento de los rayos X; *Becquerel*, *Pierre Curie* y *Marie Curie* compartieron el de la misma disciplina en 1903, el primero por el descubrimiento de la radiactividad y los segundos por sus investigaciones sobre la misma; por último, en 1911, *Marie Curie* recibiría el de Química, por el descubrimiento del polonio y el radio, el aislamiento del radio y el estudio de la naturaleza y compuestos de este elemento.

Pero, ¿cuál había sido la evolución de la radiología y la radioterapia desde que estos descubrimientos tuvieron lugar hasta el final de la Primera Guerra Mundial?

La primera utilidad médica de los rayos X consistió en la localización de cuerpos extraños, lo cual ayudaba a los cirujanos a identificarlos y extirparlos sin dañar excesivamente los tejidos. No debe extrañar por ello que fuera en los conflictos bélicos de finales del siglo XIX (Primera Guerra Ítalo-Etíope, Guerra Greco-Turca, Campaña Tirah, Guerra de Sudán, Guerra Hispano-Norteamericana y 2ª Guerra de los Bóers) donde la ciencia radiológica diera sus primeros pasos.

El papel que los rayos X habrían de jugar en la exploración del sistema óseo se tornó evidente también muy pronto. Igual ocurrió con los estudios torácicos y abdominales, de los que se conservan registros gráficos del año 1896. Concretamente, para estos últimos se experimentó con un sinfín de medios de contraste, aunque no siempre con los resultados esperados. *Yeso de Paris*, *pasta de Teichman*, aire y plata coloidal fueron algunos de ellos. El sulfato de bario, aunque su uso se generalizaría en los años 20, comenzó a emplearse en estudios gastrointestinales en 1910.

Es importante reseñar que a lo largo de los primeros años, justo antes del comienzo de la Primera Guerra Mundial, se produjeron una serie de mejoras técnicas en el equipamiento que facilitaron el trabajo de los operadores de los equipos y ayudaron a obtener estudios de mayor calidad.

Una de las más importantes fue la sustitución de los tubos de *Crookes* por tubos de *Coolidge*, o de cátodo caliente, que incorporaban un filamento catódico fabricado en tungsteno y que supuso un cambio sustancial respecto a los filamentos de carbono de los tubos anteriores. Ideado por *William David Coolidge*, el cátodo era una espiral de hilo de tungsteno unida por dos hilos de molibdeno a una pieza metálica que salía al exterior de la ampolla y se conectaba a unos conductores de una corriente auxiliar de baja tensión para poner el cátodo incandescente. El anticátodo hacía las veces de ánodo y también era de tungsteno.

Esto ocurría en 1913 y ese mismo año vio la luz otra mejora importante al incorporarse a los equipos la parrilla o rejilla antidifusora (*Bucky*), un dispositivo para reducir la radiación dispersa que llegaba a la película radiográfica.

Pero lo que aconteció al año siguiente fue lo que, lamentablemente, aportó las evidencias de que la radiología, como disciplina científica, había irrumpido para quedarse: la Gran Guerra.

Si olvidamos, por un momento, los millones de muertos y heridos que regaron con su sangre los campos de Europa, si dejamos a un lado los sueños rotos y pasamos de puntillas por las heridas abiertas que el fin del conflicto no logró restañar, entonces podemos detenernos en otros aspectos. Y uno de los más importantes fue el afianzamiento de la radiología como ciencia médica. Por un lado, los hospitales próximos al frente, y por ende los heridos atendidos en ellos, contaron con una herramienta que, en muchos casos, salvó vidas y en otros ayudó a que las heridas pudieran ser atendidas con prontitud, favoreciendo el restablecimiento de quienes las portaban. Por otro, el tipo de heridas y las causas de las mismas realzaron el verdadero valor de la utilidad de los rayos X.

Si bien es cierto que la tecnología radiológica apenas evolucionó durante el conflicto no lo es menos que la organización de los servicios y departamentos radiológicos progresó de tal manera que, de ser prácticamente inexistente al comienzo de la guerra, estaba perfectamente estructurada al final de la misma.

Desde el primer momento se hizo evidente, también, que los rayos X podían causar daños a la salud. Ya en 1896 se observaron problemas de depilación, quemaduras y eritemas. En los años siguientes se dieron casos de amputaciones, e incluso alguna muerte, en personas que usaban tubos de rayos X en sus investigaciones o en sus espectáculos.

A nadie debe extrañar lo anterior pues hoy sabemos, gracias a un estudio realizado en 2011 por investigadores de la Universidad de Maastricht, que la dosis de exposición que requirió *Röntgen* para obtener la famosa radiografía de la mano izquierda de su esposa, *Anna Bertha*, fue 1500 veces mayor que la que se precisa hoy en día, con los modernos equipos digitales, para realizar una radiografía de las mismas características.

A pesar de ello, hubo que esperar hasta 1928 para que el Congreso Internacional de Radiología celebrado en Estocolmo recomendara la creación de un organismo con carácter internacional (*ICRP*) que se ocupara de dictar normas y protocolos de trabajo que permitieran proteger a los profesionales que utilizaban estas radiaciones.

Se podría afirmar que el nacimiento de la radioterapia se produjo a la par que la radiología pues ya en los primeros meses de 1896 se tuvo conciencia de algunas de las posibilidades terapéuticas que ofrecía la radiación X.

Radioterapia es el término que utiliza *Marie Curie* en su libro "*La Radiologie et la Guerre*" para referirse a la terapia con rayos X y distinguirla de la terapia con radio, a la que denomina Radiumterapia.

Tras el descubrimiento de la radiactividad natural realizado por *Becquerel* en 1896, *Pierre* y *Marie Curie* se dedicaron a estudiar este fenómeno y, como ya sabemos, sus trabajos culminaron con el descubrimiento de dos nuevos elementos emisores radiactivos, el polonio y el radio, que fueron "presentados en sociedad" el día 26 de diciembre de 1898 en una conferencia pronunciada por *Marie Curie* en la Academia de las Ciencias Francesas.

En 1900, los alemanes *Friedrich Otto Walkhoff* y *Friedrich Giesel* describieron que la proximidad o el contacto del radio con la piel provocaban quemaduras similares a las producidas por los rayos X. *Becquerel* y *Pierre Curie* lo comprobaron en sus "propias carnes" y en junio de 1901 lo expresaban de esta manera en una comunicación a la Academia de Ciencias de Paris: "*Tras la acción de los rayos la piel enrojece en una superficie de 6 cm; la apariencia es la de una quemadura, pero la piel no es o es apenas dolorosa. Al cabo de unos días el enrojecimiento, sin extenderse, aumenta en intensidad; hacia el día 20 se forman costras y después una úlcera que se trata con apósitos; el día 42 la epidermis empieza a regenerarse por sus bordes, alcanzando el centro 52 días después de la acción de los rayos, quedando todavía en estado de úlcera una superficie de 1 cm que adquiere un aspecto grisáceo indicando una mortificación más profunda*".

Pero fue *Foveau de Courmelles*, también en 1901, quien, tras analizar la reacción cutánea sufrida por él mismo al llevar radio en un bolsillo, adjudicó a este elemento propiedades biológicas que definió como "químicas, penetrantes y destructivas"

El dermatólogo *Henri Danlos*, del *Hôpital Saint Louis* de Paris, fue el primer médico que trató con radio a un paciente afecto de lupus y el tubo con radio le fue prestado por el matrimonio *Curie*. Esto acontecía en 1901.

Al igual que ocurrió con los rayos X, el radio también sufrió las fabulaciones de charlatanes y aprovechados que adjudicaban a la radiactividad propiedades y efectos beneficiosos carentes de toda base científica. Citaremos como ejemplos las sodas radiactivas con efectos tonificantes o las cremas radiactivas embellecedoras y curativas. En los años siguientes, como veremos más adelante, estos productos llegaron a generar suculentos beneficios.

Aunque algunos médicos utilizaron el radio para destruir tumores malignos (cérvix, recto, infiltrantes cutáneos), en los primeros años del siglo XX las indicaciones de la radioterapia fueron principalmente afecciones cutáneas no malignas (acné, eczema, lupus eritematoso, psoriasis), siendo los propios pacientes los que sujetaban las placas de radio sobre sus lesiones. Estaríamos hablando, por tanto, de radioterapia externa.

Si bien es cierto, como acabamos de indicar, que en los primeros años hubo médicos que utilizaron el radio en el tratamiento de tumores malignos, la utilización de fuentes encapsuladas se generalizó años después. Será en ese momento cuando podamos empezar a hablar de Braquiterapia.

El radio se colocaba en diferentes modelos de **aplicadores dependiendo del tipo de lesión que se deseaba tratar. En lesiones cutáneas se utilizaban aplicadores planos de diferentes formas y dimensiones (braquiterapia superficial). Para introducir en cavidades orgánicas, como el útero, se usaban pequeños tubos metálicos de forma cilíndrica de-**

nominados "tubos de *Dominici*", su creador, (braquiterapia endocavitaria) y para insertar en los intersticios de un tumor se empleaban envoltorios metálicos en forma de aguja o semilla (braquiterapia intersticial). Se utilizaron, también, las emanaciones de radio para inhalación y las aguas minerales radiactivas, bien para ingestión o para baños corporales.

Tratamiento con radium en el que los propios pacientes sujetan el radio sobre sus lesiones (1905)

En 1909 tuvo lugar un hecho relevante para el futuro del tratamiento de las enfermedades cancerígenas en Francia. El Instituto *Pasteur* y la Universidad de París decidieron la creación del Instituto del Radio, hoy Instituto *Curie*.

Los trabajos de *Marie Curie* evidenciaron que al desintegrarse el radio se producía gas radón. Teniendo en cuenta que el radio resultaba muy caro y que, por el contrario, extraer las emanaciones de radón, de un recipiente con radio sellado, resultaba bastante fácil se planteó utilizar este gas con finalidad terapéutica. Alrededor de 1910 fueron muchos los científicos que optaron por el radón, precisamente por este motivo y por su fácil implantación.

En 1911 el médico *Claudius Regaud*, profesor agregado de la Facultad de Medicina de Lyon y reconocido especialista en espermatogénesis, llevó a cabo en esa ciudad los primeros tratamientos con rayos X practicados a enfermos incurables de cáncer. Si bien los resultados fueron negativos sus conclusiones dieron un nuevo impulso a la radioterapia del cáncer y, aún hoy en día, siguen siendo aplicadas: la toma en consideración del factor temporal, es decir el alargamiento del tiempo de tratamiento y el fraccionamiento de la dosis.

En junio de 1913, *Regaud* fue nombrado director del laboratorio de radiofisiología del Instituto del Radio, en el que *Marie Curie* ya dirigía el laboratorio de física y química.

En 1914, *Regaud* y el físico-químico *André Louis Debierne* realizaron la primera publicación sobre los efectos de las emanaciones del radio. Pero poco después, tras declararse la Primera Guerra Mundial, el Instituto del Radio fue cerrado.

Llamado a filas, *Regaud* participó a lo largo de 1915 en la reforma del Servicio de Salud del Ejército y recibió, por esta labor, la cruz de la Legión de Honor, de manos del Presidente de la República *Raymond Poincaré*.

Uno de los problemas con los que tuvieron que convivir los científicos durante los primeros años fue la dificultad para medir la intensidad de la dosis de radiación. *Antoine Béclère*, pionero de la radiología y de la radioterapia en Francia y que llegó a ser Presidente de la Academia de Medicina, había escrito en 1902: "*La radioterapia no será jamás una ciencia si no se puede medir con exactitud*".

Durante la primera mitad del siglo XX se utilizó el valor miligramos hora o, lo que es lo mismo, el producto de los mg de radio aplicados por el tiempo de exposición.

A la cantidad de radiación emitida por un gramo de radio se la consideró la unidad de actividad radiactiva y se la denominó Curio (Ci). Posteriormente fue sustituida por el Becquerelio ($1Ci = 3,7 \times 10^{10}$ Bq). Con estos nombres, la ciencia realizaba su modesta aportación de reconocimiento a los más destacados estudiosos del fenómeno de la radiactividad.

Desde 1912 la Oficina Internacional de Pesas y Medidas de Sevres (París) alberga lo que se consideró el estándar: 20 miligramos de radio contenidos en un tubo de cristal.

EL PERIODO DE ENTREGUERRAS

Suele denominarse "período de entreguerras" o *interbellum* al que transcurre entre el final de la Gran Guerra y el inicio de la Segunda Guerra Mundial; es decir, entre 1918, año en el que se firmó el armisticio que puso fin a la Primera Guerra Mundial y 1939, año en el que comenzó el segundo conflicto internacional.

Políticamente, el período vivió acontecimientos tan importantes como la Revolución Rusa, la Gran Depresión de 1929 y el ascenso al poder de los totalitarismos en Italia y Alemania.

Durante estos años tuvo lugar, también, una revolución científica y cultural que cambió la percepción del mundo y sentó las bases de la mayor parte de las innovaciones tecnológicas que han llegado hasta nuestros días.

El armisticio de 1918 dio paso a una década de optimismo generalizado fruto de un crecimiento económico basado en la reapertura del comercio internacional, la reconstrucción de los países afectados por la guerra y un desarrollo importante de la actividad financiera.

Es conveniente recordar que, tras el fin de la guerra, Estados Unidos poseía la mitad de las reservas del oro mundial, lo cual la convertía en la mayor potencia económica del mundo. Europa, por el contrario, había sufrido la devastación de la guerra, se encontraba muy endeudada y vivió unos primeros años de posguerra realmente difíciles.

A partir del año 1923 se produjo una importante recuperación económica que se extendería prácticamente hasta el final de la década y supondría un período de prosperidad y consumo conocido como los "felices años 20". EEUU se convirtió en la locomotora de la economía mundial y el modelo de vida americano fue exportado por todo el planeta. Se trataba del *"American way of life"* cimentado en el consumo individual de bienes, impulsado por la publicidad y sostenido por el crédito fácil y las ventas a plazos.

Los espectáculos de masas (cine, deportes, cabaret, teatro), el interés por la moda, las nuevas tendencias musicales (jazz, charleston, blues) se convirtieron en objetos de consumo y alimentaron a toda una industria que hasta ese momento no había sido significativa.

La prensa alcanzó un gran esplendor, proliferaron las revistas especializadas y la radio se convirtió en un excelente instrumento de publicidad (al final de la década existían en EEUU alrededor de 14 millones de receptores de radio).

Era la América opulenta y, a los ojos de todo el mundo, se revelaba como el paradigma de las libertades y de las posibilidades de enriquecimiento. La pobreza y el fracaso fueron considerados signos de debilidad e incompetencia.

Ford T y receptor de radio, dos claros
ejemplos de la *American way of life*

Atraídos por las posibilidades que América ofrecía, una fuerte inmigración comenzó a afluir desde todos los rincones del mundo, fundamentalmente de Europa. Las ciudades se llenaron de barrios abarrotados de extranjeros en los que reinaban, sobre todo, la pobreza y la exclusión. Era la "otra América", la de los que no respondían al modelo *WASP* (blanco, anglosajón, nativo y protestante) y acabo suponiendo un grave problema social y político.

La situación cambió radicalmente al final de la década. Los "felices años 20" llegaron a su fin. El 24 de octubre de 1929, "jueves negro", la Bolsa de Nueva York se desplomó y marcó el inicio de una crisis económica de alcance internacional que se prolongaría hasta el comienzo de la Segunda Guerra Mundial. Se le denominó "*Crack* del 29" y daría paso al periodo denominado "Gran Depresión" cuyas causas más importantes fueron el exceso de producción que no podía ser absorbida por un mercado con bajo poder adquisitivo y la enorme especulación existente en los mercados bursátiles.

Multitud de bañistas en la playa del lago Michigan, Chicago, Illinois, en 1925

Madre Emigrante durante la Gran Depresión
Fotografía: Dorothea Nutzhorn

Las consecuencias del *crack* fueron un empobrecimiento de la población, fruto de la importante caída del empleo, la adopción de políticas económicas autárquicas y planificadas y el auge de las ideologías nacionalistas y totalitarias.

Para salir de la crisis cada país aplicó su propia fórmula pero, en términos generales, los resultados fueron escasos cuando no negativos.

Francia y Reino Unido intentaron buscar una salida aumentando el comercio con sus colonias. Alemania, Italia y Japón lo hicieron aplicando una política ultranacionalista y militarista. En cuanto a Rusia, estableciendo un sistema de rígida planificación económica.

Únicamente Estados Unidos aplicó políticas que se tradujeron en una verdadera recuperación económica. Ello vino de la mano del *New Deal*, puesto en práctica por el presidente *Franklin D. Roosevelt*.

El "Nuevo Acuerdo" consistió, esencialmente, en buscar un equilibrio entre la iniciativa privada y el control, por parte del Estado, de las finanzas, la industria y el comercio.

El empobrecimiento y la crisis económica tras el *crack* del 29, las heridas de la derrota en el caso de Alemania y la insatisfacción por el reparto desigual de las colonias, en el caso de Italia, estuvieron en el origen de uno de los fenómenos políticos más importantes del siglo XX: la aparición del fascismo en Italia y Alemania de la mano de *Benito Mussolini* (1922) y *Adolf Hitler* (1933), respectivamente.

El historiador británico *Eric J. Hobsbawm* definió el siglo XX como "la era de los extremos". Y no deja de ser cierto puesto que, si bien, asistimos a dos guerras mundiales, se produjo la eclosión de los regímenes totalitarios y la población sufrió los efectos de una gran depresión económica, también fue el siglo en el que emergieron los movimientos pacifistas y ecologistas, se produjo una extensión de la democracia, se conquistaron los derechos civiles para hombres y mujeres y se consolidó y llevó a la práctica el concepto de "estado del bienestar".

En paralelo a los cambios políticos y económicos, el periodo de entreguerras se caracterizó por una transformación importante en los campos de la ciencia, el arte y la cultura.

Muchos de los descubrimientos científicos de los que disfrutamos hoy en día sólo son entendibles a partir de la revolución científica que tuvo lugar en las primeras décadas del siglo XX.

El descubrimiento de la penicilina por *Fleming*, en 1928, los estudios sobre el subconsciente de *Freud* o las investigaciones de Cajal sobre las sinapsis neuronales fueron algunos de los grandes avances de esta época en los campos de la biología y la medicina.

Pero si hubo una disciplina que destacó por encima de todas las demás, esa fue la Física. Basta nombrar a *Planck* (mecánica cuántica), *Einstein* (teoría de la relatividad), *Bohr* y *Rutherford* (estructura del átomo) o *Marie Curie* (radiactividad) para entender lo que estamos diciendo.

Las investigaciones actuales en los campos de la energía atómica, la genética y la informática tienen su base, precisamente, en los descubrimientos científicos que se produjeron en aquellos años.

También el mundo del arte sufrió una renovación espectacular y, curiosamente, se utilizó una expresión de origen bélico, "vanguardias", para referirse a las corrientes artísticas que surgieron en el primer tercio del siglo XX. Las principales vanguardias artísticas fueron el cubismo (pintura), el futurismo (pintura, poesía), el expresionismo (pintura, literatura) y el surrealismo (pintura, literatura, cine), sin olvidar el racionalismo o funcionalismo en arquitectura.

Destacar, por último, el desarrollo que experimentó en estas décadas la denominada "cultura de masas". Los avances del sistema democrático y una creciente madurez social favorecieron que el deporte (boxeo y fútbol), la música popular (cabaret, tango, charlestón…), la prensa, la fotografía, la radio o el cine, disfrutados hasta entonces sólo por las clases sociales más pudientes, pasaran a formar parte del día a día de amplios sectores de la sociedad.

El "periodo de entreguerras" en España

La posición de neutralidad del gobierno español durante la Primera Guerra Mundial supuso la obtención de buenos beneficios por parte de un sector del empresariado. Mientras ello ocurría, la clase trabajadora seguía sometida a unas durísimas condiciones laborales a cambio, en la mayor parte de los casos, de salarios miserables.

El fin de la contienda mundial supuso un empeoramiento de la situación económica y social. Ésta última debida en gran medida a las bajas producidas en la guerra de Marruecos.

Alfonso XIII, ante la incapacidad de sus gobiernos de solucionar las distintas crisis que el país padecía, tuvo que aceptar el pronunciamiento militar del Capitán General de Cataluña, Miguel Primo de Rivera.

Estábamos en 1923 y con el gobierno constitucional suspendido comenzaba una dictadura que duraría hasta comienzos de 1930. Desde el primer momento contó con el apoyo del ejército y de amplios sectores de la burguesía, sobre todo catalana, pero también con la indiferencia de una buena parte de la población.

En lo económico se caracterizó por un notable crecimiento aunque, lo cierto, es que tuvo mucho que ver con la favorable coyuntura internacional que se vivía (los "felices años veinte").

La crisis económica de 1929 y el descrédito acumulado por la Dictadura, después de seis años, provocaron su caída en 1930. La dimisión de Primo de Rivera dejó al país en una situación tan inestable como cuando accedió al poder.

Alfonso XIII, con la función de retornar al orden constitucional, encargó la Jefatura del Gobierno a otro militar, el General Berenguer.

Una de las primeras medidas del nuevo Jefe de Gobierno fue la convocatoria de elecciones municipales libres que se celebraron a principios de abril y supusieron la victoria de los partidos republicanos en las principales ciudades.

Proclamación de la 2ª República (1931).Plaza de Sant Jaume,Barcelona.Autor: Josep María Sagarra

Las consecuencias inmediatas fueron la caída de la institución monárquica, el camino del exilio para el monarca y la instauración de la Segunda República Española.

La buena acogida popular que tuvo la institución republicana no bastó para controlar la enorme inestabilidad político-social y la enorme crisis económica heredada de la dictadura. Fruto de ambas, tuvo que hacer frente al intento de Golpe de Estado del General Sanjurjo en 1932 y a la Revolución de Asturias de 1934.

Un nuevo Golpe de Estado, también fracasado, acabó desembocando en la Guerra Civil que desgarró al país entre los años 1936 y 1939 y terminó con la instauración de una dictadura de corte fascista presidida por el general Franco.

Desde el punto de vista científico, el periodo de entreguerras en España resultó extraordinariamente fecundo gracias a que los científicos españoles supieron aprovechar los numerosos contactos que establecieron tanto en sus viajes al extranjero, facilitados por las ayudas de la Junta de Ampliación de Estudios (JAE), como en las visitas que algunas celebridades realizaron a España.

Por poner algunos ejemplos, podemos destacar la visita de *Albert Einstein* a nuestro país en 1923 que facilitó la difusión en el mismo de la teoría de la relatividad o la vinculación del joven Severo Ochoa con el Laboratorio de Fisiología de la JAE que le colocó en el lugar idóneo que le permitiría, después, estudiar con el prestigioso fisiólogo alemán *Otto Meyerhof*. Y, ello, sin olvidar los tres viajes que a lo largo de este periodo realizó *Marie Curie* a nuestro país: en 1919 para participar en el I Congreso Nacional de Medicina, en 1931 invitada por el Gobierno de la Segunda República y en 1933 para presidir una reunión internacional en la Residencia de Estudiantes sobre el futuro de la cultura.

No quiero olvidarme de uno de los acontecimientos más importantes que se produjeron durante este periodo. Fue la inauguración, en 1932, de la nueva sede del Instituto Nacional de Física y Química que fue financiada por la *Fundación Rockefeller* y en cuyo acto el director del mismo, el físico Blas Cabrera, estuvo acompañado por el físico alemán *Arnold Sommerfeld*, autor del modelo atómico que lleva su nombre, el físico francés *Pierre Weiss*, que desarrolló la teoría del ferromagnetismo y el físico suizo *Paul Scherrer*, quien había colaborado con el físico-químico estadounidense *Peter Debye* en el desarrollo de un método para el análisis de muestras policristalinas por rayos X.

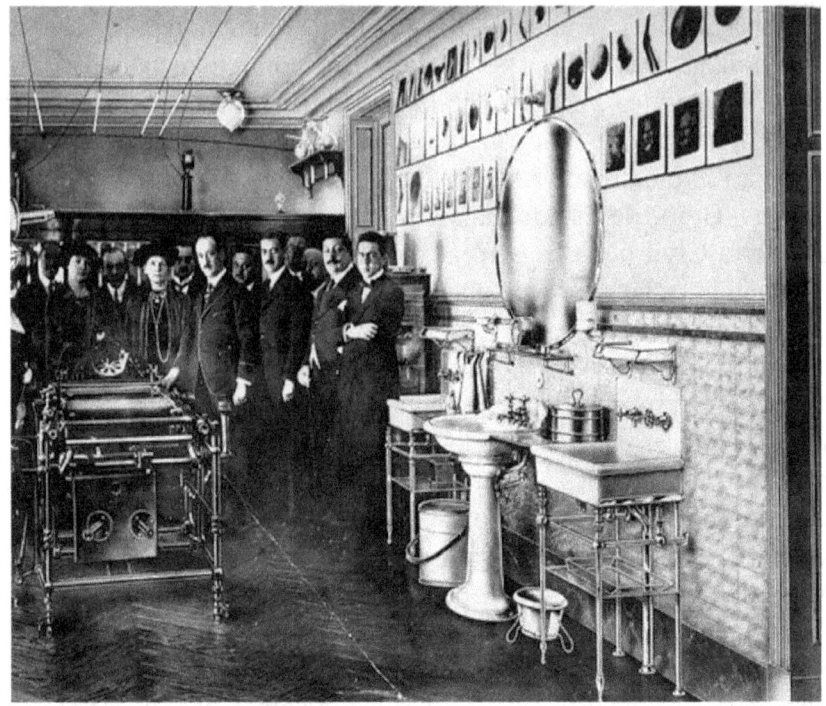

Visita de Marie Curie al Instituto Radiológico del Dr. Celedonio Calatayud

La medicina durante el periodo de entreguerras

Si bien es cierto que fue en el campo de la física en el que se produjeron los mayores avances, durante el periodo que comprende desde el final de la Primera Guerra Mundial hasta el comienzo de la Segunda, algunos de los hechos ocurridos en el campo de la medicina fueron realmente notables, como veremos a continuación.

En 1919, el médico y fisiólogo británico *Edward Mellanby* descubrió la vitamina D y la importancia de la misma en la prevención del raquitismo.

Sin lugar a dudas, uno de los grandes éxitos de la medicina moderna fue el aislamiento y síntesis de la insulina. La enfermedad caracterizada por aumento del apetito, aumento de la ingestión de líquidos y aumento de la eliminación de orina se conocía desde la antigüedad y fue *Arecio de Capadocia*, a principios del siglo II, quién utilizó por primera vez el término griego diabetes, que significa sifón.

El descubrimiento de la insulina tuvo lugar en Toronto, en el verano de 1921, por el médico e investigador canadiense *Frederick Grant Banting*, de 30 años de edad, y un estudiante de segundo año de medicina, *Charles Herbert Best*, de tan sólo 23. El descubrimiento lo realizaron en el laboratorio del profesor de fisiología *John James Richard MacLeod*, quien no estaba presente en el momento en el que se realizó, pero cuyo nombre también apareció en la primera comunicación que se hizo de los resultados, en diciembre de ese mismo año, a la Asociación Americana de Fisiología. Ello fue debido a que una regla de esa asociación era que, para poder inscribir un trabajo, al menos uno de los autores debía ser miembro de la misma y ni *Frederick Banting* ni *Charles Best* cumplían con ese requisito.

El artículo firmado por *Banting*, *Best* y *MacLeod* se publicó a principios de 1922 y ese mismo año se utilizó por primera vez para tratar la diabetes. Justo un año después el Comité Nobel concedió el Premio de Fisiología y Medicina a *Banting* y *MacLeod*, "por el descubrimiento de la insulina". De esta manera, *Banting* se convertía en la persona más joven, 32 años, en recibir el Nobel de Medicina.

Frederick G. Banting   Charles H. Best

Charles Best fue excluido porque "no había sido postulado por nadie", pero *Frederick Banting* siempre le reconoció y compartió su premio con él.

Posteriormente, en el año 1926, el bioquímico y farmacólogo norteamericano *Johan Jacob Abel,* profesor en la Universidad de *Johns Hopkins* sintetizó la insulina en forma cristalina. Ya en 1898 había aislado la adrenalina.

El periodo de entreguerras fue muy fértil en lo que a descubrimientos de vacunas se refiere: en 1923 vio la luz la primera vacuna contra la difteria; en 1926 apareció la vacuna contra la tosferina; en 1927 aconteció lo mismo con las primeras vacunas contra la tuberculosis y el tétanos; en 1935 aparecería la primera vacuna contra la fiebre amarilla, y en 1937, la vacuna contra el tifus.

Si los años 1895 y 1896 pasarían a la historia de la ciencia por los descubrimientos de los rayos X y de la radiactividad natural, 1928 lo haría por el descubrimiento de la penicilina. El honor le corresponde al bacteriólogo escocés *Alexander Fleming* y, según todo apunta, parte de la culpa habría que echársela al desorden que imperaba, de manera habitual, en su laboratorio.

Alexander Fleming en su laboratorio

Efectivamente, el día 22 de septiembre de 1928, al inspeccionar sus cultivos antes de destruirlos observó que la colonia de un hongo había crecido de manera espontánea, como un contaminante, en una placa Petri que había sido sembrada con *Staphylococcus aureus.* Observó más tarde las placas y comprobó que las colonias bacterianas que se encontraban alrededor del hongo (*Penicillium notatum*) eran transparentes debido a la lisis bacteriana, es decir a la muerte de las bacterias.

Dedujo, con éxito, que el hongo había producido una sustancia natural que poseía efectos antibacterianos pues había provocado la muerte de las colonias de *Staphylococcus aureus*. Bautizó a esta sustancia natural como penicilina y publicó su descubrimiento en 1929 en el *British Journal of Experimental Pathology*.

En un principio, la comunidad científica creyó que la penicilina sería útil, únicamente, en el tratamiento de infecciones banales y no le prestó demasiada importancia. Pero en 1938, *Howard Florey*, un patólogo australiano profesor en Oxford, y *Ernst Chain*, bioquímico alemán refugiado en el Reino Unido, junto a algunos colaboradores, iniciaron una serie de investigaciones para purificar y producir penicilina en cantidades suficientes para realizar pruebas experimentales que demostraron su utilidad terapéutica. Como el Reino Unido tenía la totalidad de sus industrias dedicadas a las necesidades de la guerra, *Florey* y *Chain* se desplazaron a Estados Unidos y allí pusieron en marcha plantas de producción dedicadas exclusivamente a la penicilina.

Como ya habían hecho otros grandes descubridores del mundo de la ciencia, *Fleming* no patentó el descubrimiento de la penicilina convencido de que, procediendo así, su difusión sería mucho más fácil y rápida. Y, aunque hubieron de transcurrir casi diez años, eso fue lo que terminó sucediendo.

Alexander Fleming, *Howard Florey* y *Ernst Chain* compartieron el Premio Nobel de Medicina en 1945.

En 1936, el bioquímico estadounidense *Edward Calvin Kendall* y sus colaboradores consiguieron purificar nueve esteroides distintos de la corteza suprarrenal. En el mismo año y, sin conexión con ellos, *Tadeus Reichstein*, logró los mismos resultados. Uno de estos esteroides era la cortisona, que a partir de 1949 se utilizaría con gran éxito en el tratamiento de la artritis reumatoide y de la fiebre reumática por *Kendall*, *Philip Hench* y sus colaboradores.

Kendall, *Reichstein* y *Hench* recibieron el Nobel de Medicina en 1950 por el descubrimiento de la cortisona, los dos primeros, y por su uso clínico en pacientes reumáticos, el tercero.

En el año 1937, *Bernard Fantus*, un médico húngaro-estadounidense miembro del Movimiento Humanista, fue el creador del primer banco de sangre en el Hospital del Condado de Cook en Chicago. Utilizando una solución al 2% de citrato de sodio consiguió conservar la sangre hasta diez días. El nombre "banco de sangre" se debe a él y fue rápidamente adoptado por otros hospitales.

Hoy en día, los estudios epidemiológicos forman parte de la "rutina" científica pero hace 80 años esto no era así. Normalmente, lo que un estudio de este tipo persigue es establecer una correlación entre una enfermedad y los factores que pueden intervenir en el desarrollo de la misma. Éste que vamos a describir no deja de resultar "curioso" por su vigencia y porque, si alguien no conociera la fecha en que fue realizado, podría pensar que ha sido publicado hace tan sólo unos años. Pero no. Fue realizado en 1939.

En ese año, en Colonia, el alemán *Franz Herman Müller* estudió retrospectivamente los hábitos de 172 adultos, la mitad de los cuales presentaban cáncer de pulmón mientras que la otra mitad estaban sanos. Lo que encontró fue que el 65% de los que presentaban ese tipo de cáncer eran fumadores mientras que entre los no fumadores tan sólo un 3,5% presentaban la enfermedad.

A partir de aquel lejano estudio se han publicado, literalmente hablando, cientos y cientos de trabajos sobre el mismo tema y con resultados semejantes. Quiere ello decir que la relación tabaquismo-carcinoma broncogénico no es tan nueva como alguien podría pensar.

LA FÍSICA BRILLA CON LUZ PROPIA

Ya hemos comentado que fue la ciencia física la que alcanzó un mayor desarrollo durante este periodo. Y lo hizo de tal forma que algunos de sus descubrimientos y teorías llegaron a eclipsar, al menos parcialmente, los avances que se produjeron en otras disciplinas científicas.

Las teorías que se enunciaron o se consolidaron en esos años planteaban una visión distinta del universo y lo que para nosotros es más importante, por su influencia en el desarrollo de la radioterapia, un conocimiento más preciso de la composición y del comportamiento de la materia.

La mecánica cuántica y la teoría de la relatividad fueron dos de las estrellas que, en aquellos años, más brillaron. La primera había tambaleado los esquemas de la física newtoniana al sustituir una realidad gobernada por leyes deterministas por otra basada en principios probabilísticos. Por su parte, *Albert Einstein* planteaba que espacio, materia y tiempo, cada uno de ellos, sólo eran aprehensibles "en relación" con los otros.

Pero nosotros, además, nos vamos a detener en "otras luces". Por ejemplo, en aquellas que iluminaron las investigaciones de *Rutherford* y *Böhr* y los condujo a las formulaciones de sus respectivos modelos atómicos. O en aquella otra que guió los experimentos de *Chadwick* y cuya recompensa fue el descubrimiento del neutrón en 1932.

Y lo haremos así porque el interés que muchos físicos mostraron por la estructura de los núcleos atómicos, y los fenómenos que acontecen cuando interaccionan entre ellos o se les bombardea con partículas subatómicas, condujo en 1934 al descubrimiento de la radiactividad artificial, tan importante en el desarrollo posterior de la radioterapia y la medicina nuclear.

Fueron muchos los científicos de este periodo cuyos trabajos supusieron importantes avances en el campo de la radiología y, sobre todo, en el de la radioterapia. Los descubrimientos de los rayos X y la radiactividad, en 1895 y 1896 respectivamente, condicionaron hasta tal punto la investigación físico-química de los años siguientes que si revisamos la relación de galardonados con los Premios Nobel de Física y/o Química comprobaremos que un número importante de los que los recibieron entre 1901, fecha de su instauración, y 1939, comienzo de la Segunda Guerra Mundial, o bien lo obtuvieron por trabajos relacionados con la radiación X o la estructura de la materia o bien, en algún momento de su carrera, habían investigado en estos campos.

Haremos un pequeño recorrido por los trabajos y las vidas de estos personajes sin cuyas investigaciones la ciencia radiológica o no habría alcanzado su esplendor actual o lo habría hecho de una manera más lenta. Seguramente nos olvidaremos de más de uno pero, seguramente también, todos los que citemos atesorarán mil y un méritos.

NOMBRES PROPIOS

William David Coolidge y la evolución del tubo de rayos

Es cierto que la gran aportación de *William D. Coolidge* al mundo de la radiología fue el tubo que lleva su nombre y esto aconteció en 1913, con anterioridad al periodo que nos ocupa, pero nos referimos a él porque fue el precursor de casi todos los tubos de rayos X que se utilizaron hasta mediados de la década de los años 40.

Curiosamente, a pesar de que *Coolidge* solicitó la patente en su país, EEUU, en 1913 ésta no le fue concedida hasta 1916.

No resultaríamos exagerados si dijéramos que a *Coolidge* se "le iluminó la bombilla" en 1905. En efecto, en ese año comenzó a trabajar en un laboratorio de *General Electric* en la purificación de óxido de wolframio. El resultado de esas investigaciones fue la obtención del "wolframio o tungsteno dúctil" que empezó a ser utilizado en la fabricación de los filamentos de las bombillas eléctricas, en sustitución de los débiles filamentos de carbono. Unos años después, serían los tubos de rayos X, por él diseñados, los que incorporarían estos filamentos.

En efecto, su tubo contenía un filamento catódico fabricado en tungsteno y representaba un cambio sustancial respecto a los filamentos de carbono de los tubos de *Crookes*. Se le llamó tubo de *Coolidge*, o "de cátodo caliente". Tenía un vacío muy alto y contenía un cátodo que, por efecto termoiónico, emitía electrones al ser calentado por una corriente auxiliar y no al ser golpeado por iones, como ocurría con los tubos de *Crookes*. Posteriormente se le realizó una nueva modificación al colocarle un ánodo giratorio, también de tungsteno, con el fin de que, al girar, el calor generado por el impacto del haz de electrones se distribuyera sobre una mayor superficie y se pudiera trabajar con tensiones más altas sin que el ánodo se fundiera.

Tras el paréntesis de la Primera Guerra Mundial, durante la cual trabajó con equipos localizadores de submarinos, *Coolidge* retornó a la investigación en tecnología de rayos X. Fichado de nuevo por *General Electric*, en 1932, se convirtió en el director del laboratorio de investigación de la compañía y en 1940, en vicepresidente de la misma. A lo largo de su vida llegó a patentar 83 inventos y recibió un sinfín de condecoraciones y premios entre los que cabe destacar la Medalla Edison, en 1927, concedida por el *American Institute of Electrical Engineers* y las Medallas Faraday y Franklin, concedidas en 1939 y 1944, respectivamente.

Ernest Rutherford: el primer alquimista

Nuestro siguiente personaje, neozelandés de nacimiento aunque formado en Gran Bretaña, en 1931 sería nombrado barón y pasaría a formar parte de la nobleza británica. Pero hasta ese momento su *curriculum* podría considerarse uno de los más brillantes de la ciencia del siglo XX. Se trata del físico-químico *Ernest Rutherford*.

Desde muy joven se dedicó al estudio de las partículas radiactivas (alfa, beta, gamma) y consiguió clasificarlas. Pero, además, descubrió que la emisión de radiactividad iba acompañada de la desintegración de los elementos que la emitían. Precisamente, por estas investigaciones le fue otorgado el Premio Nobel de Química en 1908.

Este descubrimiento revolucionó el mundo de la química pues una parte importante de la ciencia de la época se basaba en el concepto de la indestructibilidad de la materia. Incluso *Pierre Curie* tardó un tiempo en aceptarlo a pesar de que ya había constatado junto a *Marie Curie* que la emisión de radiactividad, por una sustancia, ocasionaba una pérdida de masa de la misma.

Posteriormente, elaboró un modelo atómico que vino a demostrar la existencia del núcleo atómico en el que se encontraba toda la carga positiva y la mayor parte de la masa del átomo. Era el año 1911.

Curiosamente, durante la Primera Guerra Mundial se dedicó, como hiciera *William Coolidge*, al estudio de los métodos acústicos de detección de submarinos. Podría, por tanto, considerársele uno de los precursores del sonar.

Será después de la guerra, en 1919, cuando *Rutherford* consiga la primera transmutación artificial de elementos químicos al obtener un átomo de oxígeno (más un átomo de hidrógeno) mediante el bombardeo de un átomo de nitrógeno con partículas alfa. Será la primera transmutación artificial de la historia y, por ello, cariñosamente se ha dicho de *Rutherford* que fue el primer alquimista que logró su objetivo.

En los años posteriores llegó a aludir al neutrón y a los isótopos del hidrógeno y el helio, pero no sería él su descubridor sino algunos de sus afamados colaboradores en el prestigioso *Cavendish Laboratory* que *Rutherford* dirigía desde 1919, año en el que sucedió a *J.J. Thomson*. Entre éstos, habría que destacar a *James Chadwick*, descubridor del neutrón, a *Niels Böhr* cuyo modelo atómico partía conceptualmente del modelo de *Rutherford*, a *Otto Hahn*, descubridor de la fisión nuclear del uranio y a *Robert Oppenheimer*, al que se considera uno de los padres de la bomba atómica.

Aparataje de Ernest Rutherford en el Cavendish Laboratory de la Universidad de Cambridge

Su autoridad en el *Cavendish Laboratory* no se basaba en el temor que pudiera inspirar. Muy al contrario, todos apreciaban en él su carácter jovial y su enorme generosidad y autoridad intelectual. La siguiente anécdota dice mucho al respecto de su carácter y de la influencia que mantenía sobre sus discípulos. Había llegado a sus oídos que uno de los estudiantes de su laboratorio era un trabajador incansable. Una tarde, en cuanto tuvo oportunidad, se dirigió al alumno y le preguntó si también trabajaba por las mañanas. Como quiera que el alumno, todo ilusionado, respondiera de manera afirmativa, Rutherford le respondió, "*pero entonces ¿cuándo piensas?*".

Aparte del Nobel de Química que había recibido en 1908, *Ernest Rutherford* recibió innumerables distinciones y reconocimientos. Entre ellos, cabría destacar la Presidencia de la *Royal Society* de Londres desde 1925 a 1930, las Medallas Franklin y Faraday concedidas en 1924 y 1936, respectivamente, y el título de barón *Rutherford of Nelson, New Zealand and Cambridge* en 1931. Al elemento 104 del sistema periódico se le denominó Rutherfordio, en su honor.

Rutherford falleció en el mes de octubre de 1937 y sus restos fueron inhumados en la Abadía de Westminster donde reposan junto a los del físico, matemático, filósofo e inventor, *Isaac Newton*, y a los de *William Thomson* (*Lord Kelvin*), también físico y matemático.

Marie Curie regresa del frente

El día del Armisticio, que puso fin a la Primera Guerra Mundial, una multitud de franceses se "echaron a las calles" y lo celebraron vitoreando los acordes de *La Marseillaise*. No ajena a esta explosión de alegría, para *Marie Curie*, el final de la contienda, significó que podía retornar a su trabajo científico desde la dirección de uno de los laboratorios del Instituto del Radio creado en 1914 y cuyos trabajos la guerra había dejado en suspenso. Atrás quedaba su decisiva participación en la creación de todo el dispositivo radiológico y las unidades móviles, "*Petites Curies*", que atendieron en el curso de la guerra a más de un millón de heridos y enfermos.

Durante la parte final de la guerra *Marie Curie* se dedicó a la terapia con el radio; ese radio que tanto esfuerzo le había costado conseguir, que había puesto a salvo en Burdeos al comienzo de la guerra y que había traído de nuevo a Paris, en 1915, una vez que la capital de Francia pareció estar a salvo.

Marie recogía en tubos de ensayo las emanaciones de gas radón, las cuales eran emitidas espontáneamente por el radio, y las enviaba a distintos hospitales donde en los "servicios de emanación" eran utilizadas para esterilizar cicatrices infectadas, causadas en la guerra, y otras lesiones de la piel.

Acabada la guerra lo primero que necesitaba era dinero, para equipar su escasamente amueblado laboratorio, y además era necesario un suministro adicional de radio. Pero sus llamadas en distintas agencias gubernamentales no dieron frutos y sus intentos por conseguir fondos resultaron completamente infructuosos.

Fue entonces cuando comprendió que una sola palabra, *cáncer*, tendría el potencial para recaudar los fondos que necesitaba. Su fama a nivel internacional provenía de su reputación como "descubridora de un tratamiento para el cáncer" y la solución al problema le vino de Estados Unidos.

Missy Meloney (*Mrs. William Brown Meloney*), editora de la revista femenina *The Delineator*, se desplazó a Paris y realizó una entrevista a *Marie Curie*. Así supo de primera mano de la urgencia para conseguir el radio, tan necesario para el tratamiento del cáncer, y así comenzó una gran amistad con *Marie Curie* por quien ya sentía una gran admiración, aún antes de conocerla.

"Al abrirse la puerta, vi a una mujer pálida y tímida, con un vestido negro de algodón y manos toscas, cuyos dedos frotaba insistentemente", escribió *Missy* sobre la primera impresión que le causó *Marie Curie*.

A su regreso a Estados Unidos, *Missy Meloney,* inicio una campaña de sensibilización en los medios de comunicación a la par que solicitó cantidades importantes de dinero a unas cuántas mujeres de la alta sociedad.

El 7 de febrero de 1921 un titular del *New York Times* decía: "*El radio de regalo espera a Mme. Curie*", aunque la realidad era que en esas fechas se habían recaudado unos 40.000 dólares, muy lejos de los 100.000 necesarios para conseguir un gramo de radio.

El viaje de *Marie Curie* a Estados Unidos estaba previsto para el mes de mayo por lo que la situación se tornó crítica. Entonces *Missy Meloney* cambió de estrategia y se centró en las pequeñas donaciones. Cuando el 4 de mayo *Marie*, junto a sus hijas *Irène* y *Ève*, embarcó en el *Olympic* el gramo de radio la esperaba.

Una semana después llegaron a Nueva York. Fueron recibidas por una gran multitud y la prensa destacó la llegada de *"la mujer que tenía la intención de poner fin al cáncer"*. Durante la visita su labor como científica quedó en un segundo plano dándole un valor mucho mayor a su condición de "sanadora".

Melonie, izquierda, junto a Irène, Marie y Ève Curie

El presidente *Warren G. Harding* la recibió en la Casa Blanca y le hizo entrega, de manera simbólica, del gramo de radio recaudado en su país. Durante la visita se le entregaron, también, nueve Doctorados *Honoris Causa* por diferentes Universidades y, curiosamente, en un gesto que demuestra su rectitud e integridad rechazó el de Física que le concedió la Universidad de Harvard porque, según sus propias palabras, *"en el campo de la física no había hecho nada importante desde 1906"*.

Dos años antes, en 1919, había viajado a España donde participó junto al *Dr. Roux*, Director del Instituto Pasteur, en el 1º Congreso

Nacional de Medicina. Posteriormente realizaría dos viajes más, uno en 1931, invitada por el Gobierno de la Segunda República y otro en 1933 para presidir una reunión internacional en la Residencia de Estudiantes sobre el porvenir de la cultura.

En 1929 realizaría un segundo viaje a Estados Unidos. En esa ocasión el presidente, *Herbert Hoover*, le haría entrega de 50.000 dólares que empleó en la compra de radio para el Instituto del Radio de Varsovia.

Se puede afirmar que, desde poco antes del final de la Primera Guerra Mundial y hasta su muerte, el 4 de julio de 1934, su vida estuvo consagrada al radio y a la terapia con este elemento. Su Instituto del Radio fue uno de los principales laboratorios de investigación del fenómeno de la radiactividad junto con el Laboratorio *Cavendish*, dirigido por *Ernest Rutherford*, el Instituto para la investigación sobre el radio de Viena, de *Stefan Meyer*, y el Instituto de Química Kaiser Guillermo, de *Otto Hahn* y *Lise Meitner*.

Entre los cientos de reconocimientos que recibió en vida, además del Nobel de Física de 1903 compartido con su marido *Pierre* y con *Henri Becquerel* y el de Química de 1911, recibió las "Medallas Davy y Matteucci" y el "Premio Willard Gibbs", en 1903, 1904 y 1921 respectivamente. Fue miembro de más de ochenta Sociedades y Academias de todo el mundo y recibió una veintena de doctorados "*honoris causa*".

Tal vez, el reconocimiento que más habría apreciado fue el que no tuvo. A pesar de todo el trabajo humanitario llevado a cabo en los hospitales de campaña franceses durante la guerra, nunca recibió el reconocimiento formal por parte del gobierno de la República. Unos años atrás había renunciado a la Legión de Honor, pero todos los que la conocían y apreciaban estaban convencidos de que si, en 1918, hubiera sido propuesta para el grado de caballero a título militar habría aceptado. Muchas mujeres recibieron rosetas u otras condecoraciones. *Marie Curie* no recibió ni una sola.

El reconocimiento por los servicios otorgados a Francia le llegaría muchos años después de su muerte, acontecida el 4 de julio de 1934, cuando sus cenizas junto a las de su marido *Pierre* fueron conducidas con todos los honores al Panteón de París, el 20 de abril de 1995. Ese día, junto a las otras 64 personalidades que allí reposan, entró a formar parte de la Historia, con mayúsculas, de Francia.

Si hablamos en sentido figurado, los cuadernos de laboratorio en los que realizaba sus anotaciones continúan teniendo vigencia, pues siguen emitiendo radiación. Tal es así que se encuentran custodiados en un recipiente recubierto de plomo.

Hasta hace no demasiados años se pensaba que la causa de su muerte había sido la prolongada exposición al radio. Pero en 1995, cuando su cuerpo fue exhumado para trasladar los restos al Panteón, se comprobó que las emanaciones de radio provenientes del interior del ataúd eran menores que los valores máximos aceptados para la población en general.

Teniendo en cuenta estos valores y que la vida media del radio es de más o menos 1620 años, el Organismo de Protección Radiológica que llevó a cabo las mediciones concluyó que la enfermedad y muerte de *Marie Curie* se debieron, con toda probabilidad, a la sobreexposición a los rayos X durante la Primera Guerra Mundial, es decir, a la manipulación, sin medidas protectoras, de los equipos radiológicos móviles en los frentes de guerra.

De ser así, *Marie Curie*, habría sido víctima no de la radioterapia, como siempre se había supuesto, sino de la radiología.

Tumba de Pierre y Marie Curie en el Panteón

Albert Einstein: algo más que un teórico relativista

Hablar de *Albert Einstein* es hacerlo del científico más popular y conocido del siglo XX. Quizás, también, del más cosmopolita si seguimos el rastro de sus nacionalidades. Judío de origen alemán, ostentó la ciudadanía del Reino de Wurtemberg desde 1879, fecha de su nacimiento, hasta 1896. Permaneció como apátrida desde entonces hasta 1901, fecha en la que obtuvo la nacionalidad suiza que mantendría hasta el día de su muerte. En 1911 adquirió la nacionalidad austrohúngara. De 1920 a 1933 fue ciudadano de la República de Weimar y en 1940, huyendo del nazismo, adquirió la ciudadanía norteamericana, la cual mantuvo hasta su muerte.

Todas las biografías le describen como un personaje singular a la vez que enigmático y de gustos sencillos. Vestía de manera desaliñada, con ropa informal y muy usada; vivía en una casa modesta; disfrutaba con un plato de lentejas con salchichas o uno de macarrones, tarta de manzana o ciruela, un café y, como no, un buen habano o la pipa que siguió formando parte de "su decorado" incluso cuando tuvo prohibido fumar. Como buen solitario, huía de fiestas y celebraciones y uno de sus mayores gozos era navegar con su pequeña barca por las tranquilas aguas de los lagos que visitaba.

Albert Einstein en 1947

Si su gran pasión fue la ciencia, la otra fue la música. Concretamente el violín, instrumento que aprendió a tocar cuanto tenía seis años. Al suyo lo llamaba "*Lina*" y cuando viajaba solía acompañarle, a la espera de alguna ocasión para interpretar a sus músicos preferidos: *Mozart, Bach, Schubert, Vivaldi, Corelli y Scarlatti.*

Mantuvo una buena amistad con el violonchelista español Pau Casals. Además de la música, les unió la lucha contra las tiranías. Casals, que se opuso a la dictadura franquista, afirmaba dirigiéndose a *Einstein*: "*Las únicas armas de que dispongo son la batuta y el violonchelo: no son mortíferas, pero no tengo otras. Con ellas protesto contra lo que me parece ignominioso para la humanidad*".

En 1905, siendo un desconocido en el mundo de la física, enunció la "Teoría de la Relatividad Especial". En aquel momento, Albert Einstein, era un empleado de la Oficina de Patentes de Berna en la que, desde 1902, venía trabajando ocho horas al día seis días a la semana.

En 1909 consiguió su primer "trabajo académico" como profesor asociado en la Universidad de Zúrich y a éste le seguirían una cátedra en la Universidad Alemana de Praga en 1911 y otra en la Escuela Politécnica de Zurich en 1912.

En 1915, siendo catedrático sin obligaciones docentes de la Universidad de Berlín, en la que llevaba en aquel momento dos años, publicó los enunciados de la "Teoría de la Relatividad General".

La "Teoría de la Relatividad Especial" planteaba que el tiempo, que hasta ese momento se había dado por sentado que se trataba de una constante, era en realidad una variable. Pero no sólo eso; pues, según la misma, el espacio también lo era y, además, ambos dependían, en una nueva "conjunción" espacio-tiempo, de la velocidad. Ni que decir tiene que convulsionó el mundo de la física, dando lugar a numerosas discusiones, y tuvo incluso repercusiones filosóficas, al eliminar la posibilidad de un espacio-tiempo absoluto en el universo.

La teoría clásica de la gravitación era incompatible con la relatividad especial. De 1905 a 1915 trabajó en crear una teoría relativista de la gravitación que incluyera, por una parte, la teoría newtoniana y, por otra, la relatividad especial. Se la conoce como "Teoría de la Relatividad General" y en su formulación desaparece la noción de gravedad, tal y como hasta ese momento había sido entendida, y aparece algo mucho más misterioso y sugerente: la curvatura espacio-tiempo. La gravedad ya no es una "fuerza real" sino un "efecto aparente" de la curvatura del espacio-tiempo. De esta forma, *Einstein* explicaba, de manera realmente sencilla, la observación de *Galileo* de que en ausencia de rozamiento todos los cuerpos caen al mismo ritmo: todos los objetos se mueven en un mismo espacio-tiempo que, debido a la curvatura, produce la impresión de movimiento bajo una fuerza que actuaría sobre ellos.

Sin lugar a dudas, la teoría de la relatividad y la mecánica cuántica han sido los dos pilares fundamentales de la física del siglo XX pero, aparte de sus distintos "contenidos curriculares", hay, entre ellas, dos diferencias que conviene reseñar. La "mecánica cuántica" fue obra de un trabajo colectivo (*Böhr*, *de Broglie*, *Heisenberg*, *Schrödinger* y *Pauli*, entre otros) y surgió como respuesta a unos resultados experimentales que no podían ser explicados con la mecánica newtoniana. Por el contrario, la "Teoría de la Relatividad" representó el fruto del trabajo en exclusiva de un solo hombre (*Einstein*) y fue desarrollada por razones puramente teóricas.

Bastantes años después, cuando ya era considerado un prestigioso científico, nos regaló esta "nota de color" al respecto de las teorías relativistas. Un periodista le pidió que explicara su teoría de manera que todo el mundo pudiera entenderla, a lo que *Einstein* contestó, a su vez, que si él podía explicarle cómo se freía un huevo. El periodista le miró extrañado pero le contestó que sí, que claro que podía. *"Bueno, pero hágalo imaginando que yo no sé lo que es un huevo, ni una sartén, ni el aceite, ni el fuego"*.

Tras el fin de la guerra, en 1919, es cuando *Einstein* alcanzó el esplendor que le haría mundialmente famoso y que ya no le abandonaría a lo largo de su vida. La causa fue la confirmación, a partir de las observaciones de un eclipse solar, de las predicciones que él había realizado acerca de la curvatura de la luz. Tras ser encumbrado por la prensa de la época –*"The Times"* lo presentó como el nuevo *Newton*- se convirtió en un icono popular de la ciencia, algo realmente al alcance de muy pocos científicos.

Curiosamente y ello le vincula, aun más, al mundo de la radiología, el Premio Nobel de Física que se le otorgó en 1921 fue por sus trabajos sobre el movimiento browniano y su interpretación del efecto fotoeléctrico y no por la "Teoría de la Relatividad", como mucha gente piensa. En su caso, se podría decir que a la novena fue la vencida ya que había sido "candidato" –su nombre había estado en las quinielas– al premio en ocho ocasiones anteriores.

A pesar de que su pensamiento sociopolítico abogaba por el pacifismo, el federalismo, el internacionalismo, el sionismo y el socialismo democrático, no ha podido evitar que muchos le hayan considerado, y sigan haciéndolo, uno de los padres de la bomba atómica.

En relación a sus ideas políticas hay una anécdota muy curiosa que tuvo lugar en 1923. Durante un viaje a España, en el que entabló cierta relación con Ortega y Gasset, fue invitado por Ángel Pestaña a dar una conferencia en la sede de la CNT (Confederación Nacional del Trabajo). Preguntó, entonces, por el significado de las siglas y cuando recibió la respuesta propuso que se retirara la palabra "Nacional", del nombre del sindicato anarquista, por las connotaciones tan violentas que esa palabra tenía en Alemania.

Fue también en presencia de Ángel Pestaña y, del también sindicalista, Joaquín Maurín cuando *Einstein* dijo la famosa frase, *"yo también soy revolucionario, pero en el campo de la ciencia"*. Estas palabras dieron, literalmente hablando, la vuelta al mundo y, como suele ocurrir, fueron amplificadas y tergiversadas en función de la línea política de cada grupo o periódico por lo que, *Einstein*, se vio obligado a realizar alguna puntualización a posteriori.

La prensa de toda España hizo un seguimiento puntual durante los 20 días que duró el referido viaje a nuestro país. *El Correo Catalán, La Vanguardia, El Diario de Barcelona, Las Noticias y Las Provincias*, en Barcelona. *ABC, El Debate, El Sol, El Liberal, El Imparcial, El Noticiero Universal*, en Madrid. También *El Heraldo de Aragón, El Noticiero Bilbaíno y La Voz Valenciana*, además de otros muchos periódicos de provincias, dieron cumplida información sobre tan importante visita.

La acogida dispensada en aquel viaje a *Albert Einstein* cabría calificarla de reverencial. Cómo explicar sino la actitud de Royo-Villanova, rector de la Universidad de Zaragoza, que rogó a *Einstein* que no borrara la pizarra que había utilizado durante su conferencia en la Facultad de Ciencias y que la firmase para guardarla como "algo perenne y constante del paso de *Einstein* por la Universidad".

El doctor Einstein en Zaragoza

Una notable conferencia en la Facultad de Medicina

términos tiempo, espacio y energía, con verdadero primor científico.

En particular las relaciones espacio y materia han sido bien estudiadas por el eminente físico; pero no conviene olvidar que en este punto su labor no ha pasado de convertir en ciencia lo que sólo era filosofía; para muchos pensadores, el espacio no parece concebible independientemente de la existencia de los cuerpos, y por eso, allí donde no hay fenómenos ni sustancia, no hay espacio. Otro tanto puede repetirse para el tiempo, en las nuevas ideas.

De esa huida de los principios clásicos, y de esa pérdida de sustantividad de las cuatro grandes bases de la Mecánica del siglo XIX, se ha salvado, como hemos dicho, la energía, cuya constancia todavía es creída por Einstein, pero con limitaciones muy grandes en respecto al ...

"El Periódico de Aragón" destaca la noticia de la visita de A. Einstein a Zaragoza en 1923

Años después, varios físicos de ideología nacional socialista, algunos de ellos tan importantes como los Premios Nobel de Física *Johannes Stark* y *Philipp Lenard*, realizaron incendiarias campañas para desacreditar sus teorías. Era la "física aria" frente a las falsas ideas de la "física judía". Fruto de aquella "conspiración" fue el libro "*Hundert Autoren Gegen Einstein*" ("Cien autores en contra de Einstein"), publicado en Leipzig en 1931, en el que se recogían las opiniones de cien científicos que contradecían las de *Einstein* con el fin de desprestigiar sus investigaciones. Preguntado por la opinión que le merecían las posturas de sus colegas, Einstein no dudó al responder: *"¿Por qué cien? Si estuviese equivocado con uno habría sido suficiente"*.

Si bien es cierto que no es justo atribuir a *Einstein* la paternidad de la bomba atómica también lo es que, en 1939, utilizó su influencia al firmar la célebre carta redactada por el científico judío *Leo Szilard*, que se envió al presidente *Roosevelt*, y en la que se le animaba a promover el proyecto atómico y, de esta forma, impedir que los "enemigos de la humanidad" lo hicieran antes. A pesar de la carta, él nunca colaboró en el "Proyecto Manhattan" que, patrocinado por Estados

Unidos con la colaboración del Reino Unido y Canadá, concluyó con la creación de la primera bomba atómica.

Tras las explosiones de Hiroshima y Nagasaki, *Einstein* formó parte del grupo de científicos que buscaron la manera de impedir el uso futuro de la bomba y que propusieron la formación de un gobierno mundial a partir del embrión constituido por las Naciones Unidas.

Miembro de las Academias de Ciencias de Prusia, Baviera, Gotinga, Francia, Suecia, Países Bajos, EE.UU. y Rusia, además del Premio Nobel recibió innumerables distinciones, medallas y doctorados *honoris causa* a lo largo de toda su vida.

Al respecto de sus tres nacionalidades (alemana, suiza y estadounidense), unos años antes de morir, fue preguntado sobre las posibles repercusiones que habían tenido estos cambios en su popularidad. "*Si mis teorías hubieran resultado falsas, los estadounidenses dirían que yo era un físico suizo; los suizos que era un científico alemán, y los alemanes que era un astrónomo judío*", fue su respuesta.

Aunque comprometido siempre con la causa sionista, hay una curiosidad que muchos no conocen. En 1952 se le ofreció la Presidencia del Estado de Israel, hecho que no aceptó.

Albert Einstein con Yarmulke o Kipá

Sucedió que tras la muerte del primer presidente de Israel, *Chaim Weizmann*, el primer ministro *David Ben Gurion*, por mediación del embajador israelí en Estados Unidos, le propuso la presidencia de Israel. La respuesta de *Einstein* fue contundente: "*Sé algo sobre la naturaleza, pero apenas nada sobre los seres humanos*".

Falleció en Princeton (EE.UU.) el 18 de abril de 1955, a consecuencia de la ruptura de un aneurisma de la aorta abdominal, del que no quiso operarse.

Sus últimas palabras, aunque ininteligibles, fueron en alemán. Había dejado dicho, y así se cumplió, que no quería que se le realizara un funeral, que sus cenizas fueran esparcidas sin desvelar el lugar, y que en su casa no pusieran ninguna placa que revelase que había vivido en ella.

Se dice que sobre la mesilla, de la habitación del hospital en el que falleció, se encontraba el borrador del discurso que iba a leer ante millones de israelíes con motivo del séptimo aniversario de la creación del Estado de Israel. Comenzaba así: "*Hoy les hablo no como ciudadano estadounidense, ni tampoco como judío, sino como ser humano*". Una prueba más del internacionalismo que le acompañó toda su vida.

Frederick Soddy revoluciona la química radiactiva

El mismo año, 1921, que *Albert Einstein* recibía el Nobel de Física el inglés *Frederick Soddy* recogía el equivalente en Química.

Este profesor de la Universidad de Oxford realizó, antes de la Primera Guerra Mundial cuando aún era profesor de la Universidad de Glasgow, una serie de experimentos químicos con materiales radiactivos que le llevaron a enunciar en el año 1913 las denominadas "Leyes del Desplazamiento", que podemos formular de la siguiente manera: 1) *la emisión de una partícula alfa por el núcleo de un elemento radiactivo supone su transformación en otro elemento cuyo número atómico disminuye en dos unidades y cuyo número másico lo hace en cuatro;* 2) *cuando un núcleo emite una partícula beta, el número másico del nuevo elemento formado se mantiene sin cambios mientras que el número atómico aumenta en una unidad.*

También en 1913, las investigaciones de *Soddy* le llevaron a determinar 45 elementos diferentes en los procesos de desintegración radiactiva. Pero en la tabla periódica de *Mendeleiev* sólo quedaban una docena de huecos, al final de la misma, donde podían ser colocados.

Entonces demostró que, desde el punto de vista químico, se trataba de formas idénticas de un elemento químico pero que poseían diferentes pesos atómicos.

Soddy los denominó "isótopos", término formado por dos raíces griegas que significan "el mismo lugar" y propuso que "esos nuevos elementos" producidos en las transformaciones radiactivas ocuparan el mismo lugar en la tabla periódica.

En investigaciones posteriores comprobó que, también, los elementos químicos no radiactivos podían presentar isótopos.

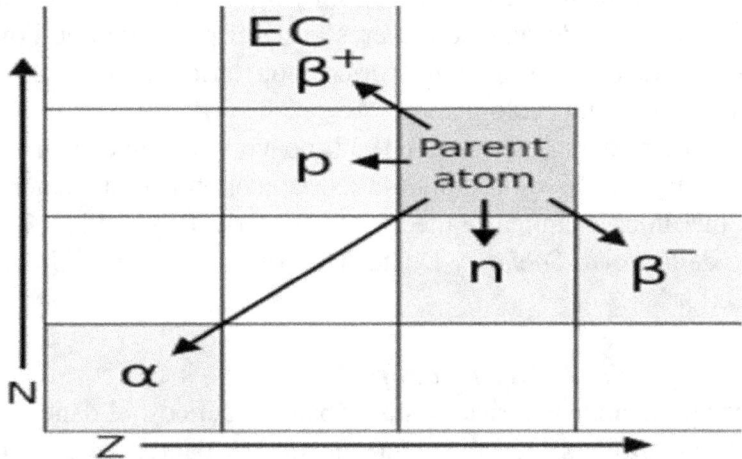

Esquema representando las Leyes del desplazamiento o leyes de Soddy

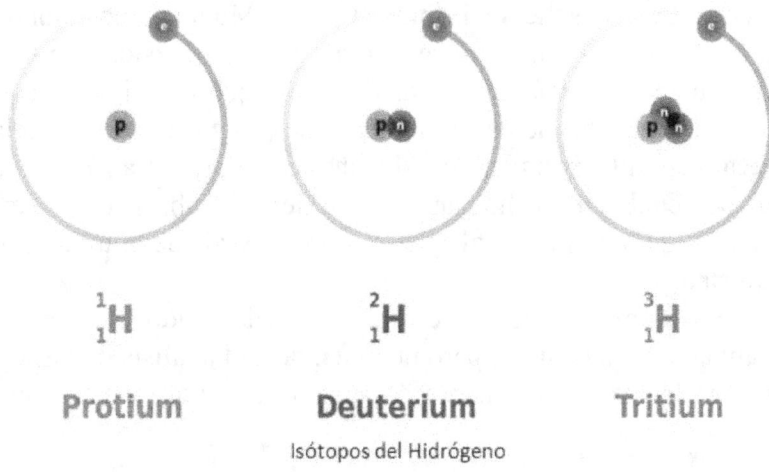

^1_1H ^2_1H ^3_1H

Protium   **Deuterium**   **Tritium**

Isótopos del Hidrógeno

En 1920 vislumbró las posibilidades del uso de la energía atómica procedente del uranio, aplicación que llegaría a ver con sus propios ojos en 1945.

Fueron precisamente *"sus notables contribuciones al conocimiento de la química radiactiva y las investigaciones sobre la existencia y naturaleza de los isótopos"* lo que movió a la Academia Sueca a concederle el Premio Nobel de Química en 1921.

Curiosamente *Frederick Soddy* sintió siempre una enorme preocupación por la utilización que el sistema económico hacía de los descubrimientos científicos. Ello le llevó a realizar una crítica feroz de la economía que, si bien es cierto no fue muy aceptada en su día, con el paso del tiempo ha ido ganando interés hasta el punto de que hoy en día se le considera un influyente teórico monetario así como un precursor de la economía ecológica.

Tras la muerte de su esposa, en 1937, no volvió a investigar sobre radiactividad y dedicó su tiempo a la teoría económica, las matemáticas y la mecánica cuántica. Falleció en 1956 tras haber sido 46 años miembro de la *Royal Society* y Doctor Honoris Causa por la Universidad de Oxford.

Niels Böhr "enmienda" a su maestro

Por sus aportaciones teóricas y sus trabajos prácticos, al danés *Niels Henrik David Böhr* se le considera uno de los padres de la bomba atómica. Bueno, si llevamos bien la cuenta, ya son varios los padres de ese mortífero ingenio. Sería, por tanto, una paternidad compartida.

Curiosamente, antes de la Primera Guerra Mundial, abandonó el prestigioso *Cavendish Laboratory* adscrito a la Universidad de Cambridge porque el Nobel *Joseph John Thomson*, que lo dirigía en aquellos años, no se mostró demasiado interesado por sus trabajos. Fue así como recaló en la Universidad de Manchester y conoció a *Ernest Rutherford*, del cual aprovechó sus conocimientos sobre la estructura atómica y la radiactividad y al que le unió, a partir de entonces, una firme amistad.

El modelo atómico que Rutherford había elaborado era perfecto, especulativamente hablando, pero no aguantaba el análisis de las leyes de la física clásica. En un alarde de audacia que no casaban con su carácter retraído, *Böhr* se atrevió a enunciar una solución a los problemas que obstaculizaban los progresos de *Rutherford*.

Se atrevió a decir, simple y llanamente, que los movimientos que se producían dentro de los átomos estaban gobernados por unas leyes distintas a las de la física clásica. Iniciaba de esta manera los estudios que le llevarían a enunciar su modelo atómico y por el cual recibiría el Premio Nobel de Física en 1922.

En 1913, *Böhr* comparó el átomo con un pequeño sistema solar en el que el núcleo se encontraba en el centro y una nube de electrones giraba alrededor de él. Hasta aquí, todo coincidente con el modelo de *Rutherford*.

Lo novedoso del modelo atómico de *Böhr* tenía que ver con el papel que adjudicaba a los electrones en el interior del átomo. Según su modelo, los electrones sólo podían estar en órbitas fijas, muy determinadas; en cada una de las órbitas, los electrones tenían asociada una determinada energía siendo mayor la de las órbitas más externas; mientras giraban alrededor del núcleo, no irradiaban energía; el átomo emitía o absorbía energía, únicamente, cuando un electrón saltaba de una órbita a otra; los saltos de órbita se producían de manera espontánea y, en los mismos, el electrón no pasaba por ninguna órbita intermedia.

Las investigaciones de *Niels Böhr* se centraron, a lo largo de toda su vida, en el átomo y la mecánica cuántica.

Niels Böhr (derecha) acompañado por su hijo Aage Niels Böhr

En 1933 propuso la teoría de la "gota líquida" que permitía explicar el fenómeno de la desintegración nuclear. Su teoría consideraba el núcleo atómico como una gota de agua y suponía que, igual que las moléculas de agua se mueven en el interior de una gota, los protones y neutrones lo hacen en el interior del núcleo en una desordenada agitación. En un núcleo estable los nucleones (protones y neutrones) se moverían con poca energía cinética pero a medida que la inestabilidad del núcleo aumentara éstos lo harían más rápidamente y las posibilidades de desintegración nuclear aumentarían, también.

Sentaba con ello las bases de la fisión nuclear que sería descubierta en 1938 por *Otto Hahn* y *Fritz Strassmann* en Berlín.

Curiosamente, sus teorías fueron duramente criticadas por *Einstein*. Ahora bien, a pesar de las críticas, el padre de la teoría de la relatividad se refirió al físico danés como *"uno de los más grandes investigadores científicos de nuestro tiempo"*.

Perseguido por los nazis, antes de abandonar Dinamarca, disolvió en agua regia (una mezcla de ácidos clorhídrico y nítrico) las medallas de oro de los Premios Nobel que le habían confiado sus colegas *Max von Laue* y *James Franck*, antes de abandonar Alemania tras la promulgación de las leyes raciales, y colocó la botella en uno de los anaqueles de su laboratorio. Al acabar la guerra, ya de regreso en Copenhague, recuperó la botella con el metal fundido de la estantería en la que la había dejado y la envió a la Academia Sueca, donde volvieron a refundir las medallas de los dos Premios Nobel.

Colaboró en el "Proyecto Manhattan" pero, tras el final de la Segunda Guerra Mundial de regreso en Dinamarca, consciente de la devastación que podían tener sus investigaciones se situó entre aquellos que preconizaban usar los hallazgos de la física nuclear con fines útiles y, por supuesto, pacíficos. Desde esta posición, en 1951, publicó y divulgó un manifiesto, firmado por los más eminentes científicos, en el que se pedía a los poderes públicos que garantizaran el uso de la energía atómica con fines pacíficos. Ello le valió en 1957 el premio "Átomos para la Paz", que la Fundación *For*d había instaurado con el fin de favorecer las investigaciones científicas encaminadas al progreso de la humanidad.

De su categoría como científico nos da una idea el importante número de Sociedades y Academias que le distinguieron como miembro:

Royal Society, Prusia, Alemania, Suecia, Hungría, Países Bajos, Dinamarca, Estados Unidos y Rusia.

Bragg, Curie, Siegbahn, Böhr... son nombres que se repiten en la relación de la Academia Sueca. Cincuenta y tres años después, en 1975, otro *Böhr* sería distinguido con el mismo premio, el de Física: su hijo *Aage Niels Böhr*. Su padre se habría sentido muy orgulloso de haber podido vivirlo. Había fallecido en 1962.

Francis Aston y su espectrógrafo de masas

Francis William Aston, físico-químico y profesor universitario inglés, fue galardonado con el Premio Nobel de Química en 1922.

Con anterioridad, tras la Primera Guerra Mundial en 1919, construyó un aparato que le daría fama universal: el espectrógrafo de masas, también conocido como espectrógrafo de *Aston*.

Se trataba de un dispositivo que permitía separar las moléculas de una sustancia en función de su masa y de su carga. Incluía un generador de iones, una cámara en la que se había practicado el vacío y en la que los iones eran acelerados por la acción de una diferencia de potencial, un campo electromagnético en el que se desviaban las partículas en función de su masa y de su carga eléctrica, y un colector que podía ser un detector eléctrico, en cuyo caso el aparato recibía la denominación de espectrómetro de masas, o una placa fotográfica, que es lo que se empleaba en el espectrógrafo propiamente dicho.

Con ayuda de este dispositivo descubrió 212 de los 287 isótopos naturales que existen y fue precisamente este descubrimiento el que invocó la Academia del Nobel para concederle el galardón.

Réplica de uno de los primeros Espectrómetros de masas

Con anterioridad había trabajado con *Thomson* en el *Cavendish Laboratory* y, posteriormente, fue profesor en el *Trinity College* de Cambridge.

Es fruto de su investigación el conocimiento de que los elementos atómicos de número impar no pueden tener más de dos isótopos estables. Este aserto se conoce en física como "Regla de *Aston*".

Merced al espectrómetro de masas pudo, también, enunciar la denominada "Regla del número entero", según la cual "*las masas atómicas de todos los elementos son números aproximadamente enteros, por lo que, cuando hay masas fraccionarias es debido a que el elemento en cuestión es una mezcla de isótopos*".

Además de un eminente científico, *Aston*, fue un consumado deportista de disciplinas tan distintas como el esquí, el tenis, el alpinismo y la natación y un virtuoso del violonchelo, el violín y el piano.

Fue precisamente en el periodo de entreguerras en el que *Aston* recibió la mayor parte de sus distinciones: el año anterior a la concesión del Nobel, 1921, ingresó en la *Royal Society*; en 1922 y 1938 recibió las Medallas Hughes y Real, respectivamente, y en 1935 fue nombrado presidente del Comité Atómico Internacional.

Falleció en 1945 y el cráter *Aston* de la luna lleva este nombre en su honor.

Robert Andrews Millikan y la radiación exterior

Desconozco la razón por la que el joven *Millikan* apasionado por las lenguas clásicas, fundamentalmente el griego, cambió de disciplina y se internó en el mundo de la física pero, con los resultados en la mano, el mundo de las ciencias experimentales ganó mucho con esa decisión.

Robert A. Millikan (1923)

Ya con anterioridad al periodo que nos ocupa, este físico norteamericano, había determinado el valor de la carga del electrón y había realizado diversas investigaciones sobre el efecto fotoeléctrico. Años más tarde, en 1923, le valdría la concesión del Premio Nobel de Física.

A partir de 1921, coincidiendo con su traslado de la Universidad de Chicago al Laboratorio de Física *Norman Bridge* del Instituto Tecnológico de California en Pasadena, se especializó en el estudio de la radiación que, con anterioridad, el físico *Victor Hess* había detectado que provenía del espacio exterior.

Millikan demostró que, efectivamente, esta radiación no provenía de la tierra y la denominó "radiación cósmica" o "rayos cósmicos".

De manera similar a lo que decíamos de *Aston*, *Millikan* recibió todas sus distinciones durante el periodo de entreguerras. El mismo año del Nobel recibió la medalla Hughes que otorgaba la *Royal Society* de Londres y en 1937 se haría acreedor de la concedida por el Instituto Franklin de Filadelfia.

Francia, Alemania, Estados Unidos y Rusia le distinguieron como miembro de sus Academias Científicas. Su fallecimiento tuvo lugar en 1953.

Karl Manne Georg Siegbahn investiga con Rayos X

Las investigaciones y descubrimientos más importantes de este físico sueco, y por ello se le ha incluido en estas páginas, tienen que ver con la espectroscopía mediante rayos X.

El concepto, espectroscopía por rayos X, hace relación al conjunto de técnicas analíticas (fluorescencia, absorción, emisión, y dispersión) utilizadas para determinar la estructura electrónica de los materiales mediante excitación por rayos X.

Desarrolló un aparato experimental que le permitió realizar mediciones muy precisas de las longitudes de onda de las radiaciones características emitidas por diferentes elementos químicos.

Además del Nobel de Física de 1924 recibió las prestigiosas medallas Hughes, en 1934, y Rumford, en 1940.

Curiosamente *Manne Siegbahn* recibió su Nobel un año más tarde, en 1925. Durante el proceso de selección de 1924, el Comité del Nobel de física consideró que ninguna de las nominaciones del año cumplía con los criterios establecidos por voluntad de *Alfred Nobel*.

De acuerdo con los estatutos de la Fundación, el Premio Nobel puede, en tal caso, ser reservado hasta el año siguiente. Y así se hizo. *Manne Siegbahn* recibió su Premio Nobel de 1924 un año después, en 1925.

Curiosidad tras curiosidad, entre 1947 y 1975 presidió el Comité Nobel de Física, encargado de proponer los candidatos al premio en esa especialidad.

Y otra curiosidad más: su hijo *Kai Manne Börje Siegbahn* recibió el Nobel de Física en 1981.

Izquierda: Karl Manne Georg Siegbahn
Derecha: Kai Manne Börje Siegbahn (hijo)

Karl Manne Georg Siegbahn fue miembro de las Academias de Ciencias de Londres, París, Edimburgo, Moscú, Helsinki y Oslo, y miembro del Comité Internacional de Pesos y Medidas entre 1939 y 1964. Su obra *Spektroskopie der Röntgenstrahlen* (La espectroscopia de los rayos Röntgen, 1923) se considera un clásico de la literatura científica.

Falleció en 1978, tres años antes de que a su hijo le fuera entregado el Nobel.

Arthur Holly Compton y los rayos que difractan

Compton fue uno de los físicos que tuvo un papel relevante en el desarrollo del "Proyecto Manhattan" pues siendo director del laboratorio de física de la Universidad de Chicago tuvo lugar en este laboratorio la primera reacción en cadena (llevada a cabo por *Enrico Fermi*).

Interesado por los rayos X desde el comienzo de su carrera como investigador, sus estudios le llevaron a descubrir en 1923 lo que se denominó "Efecto Compton".

Las investigaciones de este norteamericano consistieron en estudiar la difracción de los rayos X al atravesar un bloque de parafina. Observó que los rayos difractados o dispersados tenían una longitud de onda superior a la de los rayos que habían incidido en el bloque y, consecuentemente, una energía menor.

Este efecto, que era difícilmente explicable en el marco de la teoría ondulatoria de la luz, fue explicado por *Compton* como consecuencia del choque elástico entre fotones de rayos X incidentes y electrones libres o débilmente ligados de la materia, produciéndose una cesión de energía de los primeros a los segundos.

El descubrimiento de este efecto vino a confirmar un principio fundamental de la física cuántica: las radiaciones electromagnéticas tienen propiedades tanto de ondas como de partículas.

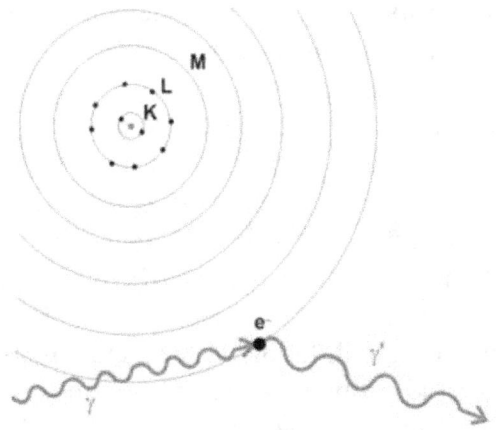

Representación esquemática del Efecto Compton

Las investigaciones de *Compton* que terminaron con el descubrimiento del "Efecto Compton" y sus trabajos con los rayos cósmicos le hicieron merecedor, en 1927, del Premio Nobel de Física, compartido con el físico británico *Charles Wilson*. Por los mismos trabajos fue galardonado en 1940 con la medalla Hughes, concedida por la *Royal Society* de Londres.

En los años treinta realizó un estudio a escala mundial con el propósito de demostrar que los rayos cósmicos eran desviados por el campo magnético terrestre, lo que ratificaba que algunos de los componentes de estos rayos eran partículas cargadas.

En 1941 se le nombró miembro de un comité gubernamental que debía estudiar la viabilidad de fabricar una bomba atómica a la par que se le atribuyó la responsabilidad de la producción del plutonio necesario para dicho fin. Sus profundas creencias religiosas le llevaron a aceptar sus obligaciones no sin ciertas reticencias, aunque mitigadas por el convencimiento de que la guerra no tendría un pronto desenlace salvo que se recurriera al arma nuclear.

Miembro de varias Academias de Ciencias, falleció en 1962 habiendo recibido multitud de distinciones por su labor científica.

Irène Curie y Frédéric Joliot-Curie: más que una pareja

Ser física e hija de *Marie Curie* no tuvo que resultar fácil. Es posible que a *Irène Curie*, ésto, le abriera algunas puertas pero es más que probable que la celebridad de su madre hiciera que, en más de una ocasión, se pasara por alto alguna de sus notables contribuciones a la ciencia.

Nadie se extrañó que cuando, en 1912, se matriculó en la Sorbona lo hiciera en las ramas de física y matemáticas pues desde muy pequeña había mostrado un talento especial para las matemáticas. Debido a ello estudió junto a otros niños, hijos de prestigiosos científicos, en una escuela llamada "La Cooperativa" en la que impartían clases *Marie Curie* y *Paul Langevin*, entre otros.

Lamentablemente el estallido de la Primera Guerra Mundial la obligó a dejar los estudios momentáneamente, tan sólo dos años después de haberlos comenzado. No obstante, aprovechó los primeros meses de la guerra para estudiar anatomía y radiología, y obtener un diploma de enfermera, lo que le permitiría unirse al dispositivo radiológico que su madre estaba organizando en los frentes francés y belga. Y no sólo eso. Al final de la guerra, tras la vuelta de su madre al Instituto del Radio, posteriormente conocido como "Instituto *Curie*", fue la persona que se encargó de coordinar y dirigir todo el dispositivo radiológico de los hospitales militares de Bélgica y Francia. Toda una proeza, si se tiene en cuenta que se trataba de una jovencita de tan sólo 20 años. Al final de la guerra recibió la Medalla Militar, condecoración que, como ya quedó dicho, no recibió su madre.

Tras la firma del armisticio, en 1918, ingresó en el Instituto del Radio y comenzó a trabajar como ayudante de su madre. Durante los años siguientes completó sus estudios y realizó su tesis doctoral sobre los rayos alfa del polonio.

Fue en el Instituto del Radio donde conoció a *Jean Frédéric Joliot* el cual, siguiendo el consejo de su mentor *Paul Langevin*, había aceptado la invitación de *Marie Curie* para trabajar como uno de sus asistentes. Sería, además, *Irène* quién enseñaría a *Frédéric* los conocimientos más importantes para trabajar con la radiactividad.

Irène y *Frédéric* se casaron, en 1926, en una ceremonia civil. Tuvieron dos hijos, *Hélène* y *Pierre*, que darían continuidad a la saga científica de su familia desde los campos de la física nuclear y la bioquímica, respectivamente.

A lo largo de sus vidas, y hasta la muerte de ella, *Irène* y *Frédéric* compartieron el interés por la ciencia pero, también, el gusto por el deporte y sus inquietudes artísticas y humanistas.

El trabajo de *Irène*, sola o en colaboración con su marido, siempre se desarrolló en el campo de la física nuclear, estudiando la transmutación de los elementos, la radiactividad natural y la radiactividad artificial.

Sus trabajos resultaron fundamentales para el descubrimiento del neutrón por parte de *James Chadwick*, el científico británico que ganó el Premio Nobel de Física en 1935 y que durante la Primera Guerra Mundial había sido prisionero del ejército alemán tras ser acusado de espionaje, así como para confirmar el descubrimiento del positrón por parte del estadounidense *Carl David Anderson*, Premio Nobel de Física en 1936.

En 1934 publicó un artículo con su marido, "*Production artificielle d'éléments radioactifs. Preuve chimique de la transmutation des éléments*" ("Producción artificial de elementos radiactivos. Demostración química de la transmutación de los elementos") en el que demostraban la creación, por primera vez, de radioisótopos artificiales a partir del bombardeo de átomos de boro, aluminio o magnesio con partículas alfa.

Marie Curie, que en aquella época estaba ya muy enferma, pudo vivir la felicidad del descubrimiento que acababan de realizar su hija y su yerno. *Frédéric* lo describió así: "*Marie Curie hizo un seguimiento de nuestra investigación y nunca olvidaré la expresión de intensa alegría demostrada cuando Irène y yo le mostramos el primer elemento radiactivo artificial en un pequeño tubo de vidrio. Todavía puedo ver cómo tomaba el tubo de vidrio entre sus dedos (ya quemados por el radio) que contenía el preparado radiactivo, un preparado en el que por ahora la actividad era muy baja. Para confirmar lo que le habíamos contado, tomó un contador Geiger-Müller y pudo escuchar como indicaba el resultado con muchos "clics". Era, sin dudas, la última gran satisfacción de su vida".* Esto acontecía en las primeras semanas de 1934. *Marie Curie* falleció tan sólo unos meses después, el 4 de julio.

Démonos cuenta que este descubrimiento alteraba la manera de entender el Sistema Periódico y la relación entre los diferentes elementos químicos. Eran posibles tanto la fisión de núcleos pesados en otros más ligeros como la fusión de núcleos ligeros para obtener otros más pesados.

Irène y Frédéric Joliot-Curie trabajando en su laboratorio en 1935

Casi sin tiempo para digerir el descubrimiento recibieron el Premio Nobel de Química del año 1935 *"por sus trabajos en la síntesis de nuevos elementos radiactivos"* y en los años siguientes el objeto de su investigación fueron las reacciones en cadena y los requisitos para construir un reactor nuclear que utilizara la fisión nuclear controlada para generar energía a partir del uranio y de agua pesada.

Paralelamente a sus investigaciones, desde su compromiso político y social, el matrimonio *Joliot-Curie* planteó el debate sobre el impacto social que podía causar la radiactividad. Pero esta no fue la única actividad social de *Irène*: se afilió al Partido Socialista Francés, formó parte del Comité de Vigilancia de Intelectuales Antifascistas, fue miembro de la Unión de Mujeres Francesas y del Consejo para la Paz Mundial.

En 1936, al comienzo de la Guerra Civil Española, apoyó al gobierno legítimo de la República Española y ese mismo año formó parte del gobierno del Frente Popular Francés como Secretaria de Estado de Investigación Científica.

Años después, en 1948, intentando recaudar fondos para los refugiados españoles planeó un viaje a Estados Unidos pero, aunque su documentación y su visado estaban en regla, las autoridades norteamericanas no sólo le prohibieron la entrada en el país sino que fue conducida a un centro de detención en la "Isla de Ellis", donde tuvo que permanecer hasta que intervino la Embajada Francesa.

Irène y *Frédéric* tenían como norma publicar todos los resultados de sus investigaciones, como ya hicieran *Pierre* y *Marie Curie*, pero el auge del nazismo y el temor a los peligros que podían derivarse de la utilización de las reacciones en cadena les llevó a interrumpir la publicación de resultados. El 30 de octubre de 1939 guardaron los principios de los reactores nucleares en un sobre sellado que depositaron en un lugar secreto en el interior de la Academia de las Ciencias y allí permaneció hasta 1949.

En 1946, siguiendo los pasos de su madre, *Irène* fue nombrada directora del Instituto del Radio, justo dos años después de que su marido *Frédéric* fuera elegido miembro de la Academia de las Ciencias y director del *CNRS* (*Centre National de la Recherche Scientifique*) (Centro Nacional de la Investigación Científica).

Siendo miembro de la Comisión de Energía Atómica, en 1948, *Frédéric Joliot-Curie* tuvo oportunidad de asistir al final del monopolio nuclear anglosajón con la inauguración del primer reactor nuclear francés.

Un par de años después, en plena "guerra fría", *Frédéric* fue destituido como Alto Comisionado de la Comisión de Energía Atómica y, pasados unos meses, fue *Irène* la que, debido a sus ideas socialistas, tuvo que abandonar la Comisión.

A partir de ese momento la vida de *Irène* se repartió entre la investigación, la enseñanza en la cátedra que ocupaba desde 1937, en la Facultad de Ciencias de París, y la militancia en distintos movimientos pacifistas.

Frédéric e Irène Joliot-Curie en 1940

En 1955, *Irène*, diseñó los planos de un nuevo laboratorio de física nuclear en la Universidad d´Orsay, al sur de París, donde equipos de científicos pudieran trabajar con aceleradores de partículas, en mejores condiciones que en el laboratorio de París. Pero no lo llegó a ver. A comienzos de 1956 murió de leucemia en el *Hôpital Curie* de París. La causa, con mucha probabilidad, habría que buscarla en la labor investigadora que desarrolló a lo largo de toda su vida.

Irène Joliot-Curie, como su madre *Marie Curie*, no fue sólo una gran científica. Dotada de una sensibilidad especial hacia las humanidades, mostró desde muy joven una enorme concienciación ante los problemas sociales, la guerra y la educación de las mujeres. Fue una mujer valiente, luchadora, generosa, y por todo ello un gran ejemplo a seguir.

En 2001, el gobierno francés anunció la creación del Premio *Irène Joliot-Curie* para recompensar las acciones de promoción de las mujeres en los ámbitos científico y técnico.

Frédéric, enfermo de hepatitis, sabedor de que no disponía de mucho tiempo decidió terminar el trabajo de *Irène*. Mantuvo su cátedra en el *Collège de France* además de aceptar la que había ocupado *Irène* y poco antes de morir, en 1958, llegó a ver el comienzo de las investigaciones en los nuevos laboratorios de Orsay.

Hélène Langevin-Joliot recibió parte de su formación científica, precisamente, en los laboratorios de Orsay que con tanto empeño y dedicación sus padres habían creado.

Frédéric Joliot-Curie había sido galardonado, en 1947, con la Medalla Hughes que concedía la *Royal Society* "por sus distinguidas contribuciones a la física nuclear, particularmente los descubrimientos de la radiactividad artificial y de la emisión de neutrones en el proceso de fisión".

En 1955, fue uno de los once intelectuales que firmaron el "Manifiesto Russell-Einstein" que instaba a solucionar de manera pacífica los conflictos internacionales existentes en aquellos momentos, en plena "guerra fría".

Paul Adrien Maurice Dirac y Carl David Anderson: el segundo confirma la hipótesis del primero

Todos los que conocieron a *Paul Dirac* aseguraban que se trataba de una persona de naturaleza precisa a la vez que taciturna. En cierta ocasión en que *Niels Böhr* andaba quejándose porque no tenía claro la manera de acabar una frase en un artículo científico, Dirac le replicó: "*A mí me enseñaron en la escuela que nunca se debe empezar una frase sin conocer el final de la misma*".

Su tendencia al silencio, su falta de locuacidad y la forma en que medía las palabras alcanzaban tal magnitud que sus colegas y amigos acuñaron una unidad, el *dirac*, para referirse al mínimo número de palabras que podían ser dichas en una conversación.

Quizás por todo ello, unido a sus dificultades para relacionarse socialmente y a su falta de empatía, es por lo que *Graham Farmelo*, físico, biógrafo y escritor científico, en su libro *"El hombre más extraño: La vida oculta de Paul Dirac, Quantum Genius"* llega a sugerir que *Dirac* era autista.

En la década de 1920, la persona que obtendría el Nobel de Física del año 1933 junto al físico austriaco nacionalizado irlandés *Erwin Schrödinger*, aplicaba las nuevas herramientas de la mecánica cuántica a sus investigaciones sobre la naturaleza de la materia. Algunas de las ecuaciones que resolvió *Paul Dirac* daban "respuestas" negativas lo cual le inquietó, pues no estaba seguro de qué podía significar.

Para intentar explicarlo *Dirac*, que además de físico teórico era ingeniero eléctrico y matemático, realizó una hipótesis según la cual debía existir un gemelo del electrón con las mismas propiedades que éste excepto una: debía ser portador de una sola carga eléctrica positiva en lugar de una única carga eléctrica negativa.

Paul Dirac

La hipótesis de *Dirac* se cumplió pocos años después de haber sido enunciada. *Carl David Anderson* observó electrones con carga positiva en una lluvia de rayos cósmicos, que estaba analizando con ayuda de una cámara de ionización.

Los llamó positrones, del inglés *positive electrons*, y fueron los culpables de que se le entregara el Premio Nobel de Física en 1936.

Con anterioridad al descubrimiento del positrón, *Anderson*, había realizado trabajos de investigación sobre fotoelectrones producidos por rayos X, radiación cósmica (junto a *Robert Millikan*) y radiación gamma.

Posteriormente, en 1938, *Anderson* aún descubriría una nueva partícula elemental. La denominó "mesón" y se caracteriza porque posee una unidad de carga negativa y es ciento treinta veces más pesada que el electrón.

James Chadwick, físico sin pretenderlo

Chadwick llegó a ser físico debido a un error. Tras matricularse en la Universidad de Manchester debía superar un examen oral de matemáticas para certificar su ingreso en la misma. Pero se situó en la cola equivocada y cuando llegó hasta el profesor, y éste le formuló las preguntas, se dio cuenta de que le estaban preguntando sobre física y no sobre matemáticas. Pensó que resultaría "engorroso" explicar la equivocación y, además, el profesor le pareció interesante. En fin, que ese día la ciencia ganó un gran físico.

James Chadwick

El que sería Premio Nobel de Física, en 1935, fue discípulo de *Rutherford* en la Universidad de Manchester. Como les ocurriera a otros muchos científicos de la época, el estallido de la Primera Guerra Mundial interrumpió sus investigaciones. El inicio de la contienda le pilló en Berlín, donde se encontraba ampliando su formación y donde fue prisionero del ejército alemán, acusado de espionaje, como ya he comentado. En 1919 regresó a su Inglaterra natal y se unió, de nuevo, al equipo de *Rutherford*.

Muchos años después, en 1932, mientras trabajaba con un tipo de radiación detectada por *Walter Bothe*, y que *Bothe* creía un tipo de radiación gamma más penetrante, consiguió identificar sus componentes como partículas con una masa equivalente a la del protón pero carentes de carga. Acababa de descubrir los neutrones. El primer reconocimiento al mismo le vino ese mismo año cuando la *Royal Society* le concedió la Medalla Hughes y el segundo, tres años después, de manos de la Fundación Nobel.

Unos años más tarde "rompió" con *Rutherford* a causa de la construcción de un ciclotrón que este último no apoyaba.

Durante la Segunda Guerra Mundial se marchó a trabajar a Estados Unidos y participó en el "Proyecto Manhattan" cuya finalidad, como ya hemos explicado, era la construcción de la bomba atómica.

Enrico Fermi controla "la reacción en cadena"

La actividad científica de este brillante físico italiano se desarrolló en dos etapas perfectamente diferenciadas. Entre 1922, año de su graduación, y 1932 su actividad científica se desarrolló en los campos de la física atómica y molecular, mientras que a partir de este año y hasta 1949 estuvo centrada en la física nuclear.

En 1933 enunció lo que podríamos llamar "teoría de la radiactividad beta" que explicaba la transformación de un neutrón en un protón mediante la emisión de un electrón y un neutrino, término este último acuñado por el propio *Fermi*.

En los años siguientes se dedicó a estudiar la radiactividad artificial, descubierta por el matrimonio *Joliot-Curie*, llegando a descubrir nuevos elementos radiactivos producidos por procesos de irradiación con neutrones.

Junto a sus colaboradores llegaron a bombardear con neutrones unos 60 elementos y obtuvieron isótopos radiactivos de 40 de ellos. Además, consiguieron la transmutación de átomos de uranio (elemento 92 de la tabla periódica) en átomos de neptunio, inexistente en la naturaleza (elemento 93 del sistema periódico).

Sus investigaciones le valieron el Premio Nobel de Física en 1938, precisamente el año en el que se trasladó a Estados Unidos, como reacción a las leyes antisemitas promulgadas por *Benito Mussolini* y que afectaban directamente a *Laura*, su esposa, y a algunos de sus compañeros de investigación.

Enrico Fermi durante la Segunda Guerra Mundial

Casi sin haberse instalado en EEUU tuvo conocimiento del descubrimiento de la fisión del uranio por *Otto Hahn* y *Friedrich Strassmann*. Sus siguientes trabajos consistieron en estudiar dicho fenómeno en profundidad pues vislumbró la posibilidad de conseguir la emisión de neutrones secundarios y obtener, de esta manera, una reacción en cadena.

El hecho tuvo lugar en la Universidad de Chicago, en una vieja cancha de voleibol. Allí, con la ayuda de diversos colaboradores, consiguió la primera reacción nuclear en cadena controlada de fisión nuclear o, lo que es lo mismo, el primer reactor nuclear. Era el 2 de diciembre de 1942 y se trataba de una pila de uranio y grafito.

Durante el resto de la guerra participó en el desarrollo de la que sería la primera bomba atómica de la historia, en los laboratorios de *Los Álamos* (Nuevo México), dentro del "Proyecto Manhattan". Posteriormente, se opondría por razones éticas al desarrollo de la bomba de hidrógeno (impulsada, ante todo, por *Edward Teller*).

Finalizada la Segunda Guerra Mundial una gran parte de su actividad investigadora estuvo centrada en el estudio de las relaciones e influencias mutuas que se producían entre las distintas partículas elementales.

Como todos los grandes físicos de este periodo fue miembro de numerosas academias, tanto italianas como extranjeras, y en el año 1953 fue distinguido con la presidencia de la *American Physical Society*.

Sus discípulos siempre lo consideraron un magnífico profesor y en 1942, la *Royal Society* le había premiado con la Medalla Hughes destacando "*sus contribuciones al conocimiento de la estructura eléctrica de la materia, su trabajo en la teoría cuántica, y sus estudios experimentales del neutrón*".

El fermio, elemento número 100 de la tabla periódica que fue hallado junto al einstenio entre los restos de la explosión termonuclear de la bomba experimental *Mike* que tuvo lugar en noviembre de 1952 en Eniwetok, y el fermión, partícula subatómica, llevan esos nombres en su honor.

Podemos añadir, como curiosidad, que *Fermi* fue uno de los primeros científicos que se preocupó de manera rigurosa por el estudio del fenómeno OVNI.

Ernest Orlando Lawrence "acelera" los aceleradores de partículas

A este físico estadounidense uno de sus alumnos le "robó" su idea más brillante.

En su época ya existían aparatos que aceleraban partículas subatómicas, pero *Lawrence* ideó un acelerador que alcanzaba las más altas energías. Esto ocurría en 1929, pero un alumno cuyo nombre evoca la memoria de dos grandes exploradores, *M. Stanley Livingstone*, se apropió del "proyecto" y construyó un dispositivo que era capaz de comunicar a los protones una energía de, aproximadamente, 13.000 eV (electrón Voltio).

Lawrence no se amilanó, y azuzado por el éxito de su aventajado alumno, diseñó un acelerador capaz de suministrar a las partículas energías de hasta 1.200.000 eV. Energías suficientes para provocar la desintegración del núcleo atómico y provocar transmutaciones y radiactividad artificial. Era 1931 y el aparato fue bautizado como ciclotrón.

CICLOTRÓN

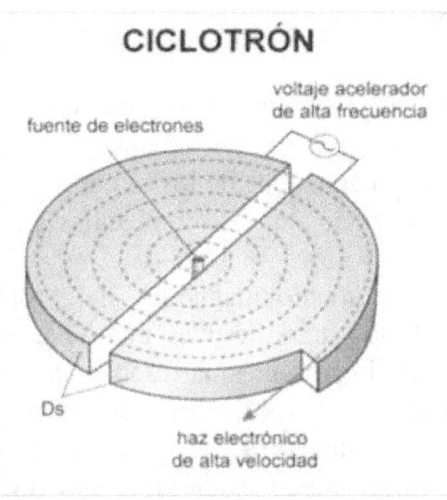

Representación esquemática del ciclotrón

Algunas de sus investigaciones dieron importantes éxitos: consiguió aislar el tecnecio, primer elemento no presente en la naturaleza obtenido de forma artificial, obtuvo fósforo radiactivo y iodo radiactivo que se utilizaron en el tratamiento de la leucemia y las enfermedades del tiroides, respectivamente, y apuntó la utilidad, en el tratamiento de algunas enfermedades cancerígenas, de los haces de neutrones.

Su trabajo con los aceleradores de partículas le valieron el Premio Nobel de Física de 1939. Dos años antes había recibido la renombrada Medalla Hughes. Años más tarde, en 1957, fue galardonado con el Premio Fermi.

Ernest Lawrence también colaboró en el "Proyecto Manhattan". Su misión consistió en dirigir el proceso electromagnético de separación de uranio 235, necesario para la construcción de la bomba. Para ello utilizó un dispositivo conocido como "calutrón", una especie de híbrido entre un espectrómetro de masas y un ciclotrón.

En la segunda mitad del siglo XX desarrolló y patentó el tubo de imagen de la televisión en color.

En reconocimiento a su trabajo se denominó lawrencio al elemento de número atómico 103 y, en 1959, la Oficina de Ciencias del Departamento de Energía de los Estados Unidos instituyó, en su memoria, el Premio que lleva su nombre.

Otto Stern e Isidor Isaac Rabi, pioneros de una nueva técnica de imagen diagnóstica

Stern, físico alemán nacionalizado norteamericano, estudió las propiedades magnéticas de los átomos y desarrolló un método para determinar los momentos magnéticos de los átomos, núcleos atómicos y protones dirigiendo haces de átomos o moléculas a través de campos magnéticos.

Cuando descubrió el momento magnético del protón, difícilmente podía imaginar que 50-60 años después una de las modalidades de imagen diagnóstica más importantes, la resonancia magnética nuclear, obtendría la información aprovechando, entre otras, las propiedades magnéticas de los núcleos de hidrógeno. Es decir, de los protones.

Ya en Estados Unidos, donde había emigrado tras la victoria del partido nazi, recibiría en 1943 el Premio Nobel de Física

Otto Stern (izda) y Isidor Isaac Rabi (dcha)

Más o menos en los mismos años, el físico norteamericano de origen polaco, *Isidor Isaac Rabi* comenzó a trabajar, en el Laboratorio de Radiaciones del Instituto Tecnológico de Massachusetts, en un proyecto de investigación de los efectos de los campos magnéticos externos sobre las moléculas, llegando a desarrollar el método de resonancia magnética. Dicho método permitía estudiar las propiedades magnéticas y la estructura interna de las moléculas, los átomos y los núcleos atómicos.

La Resonancia Magnética Nuclear, como modalidad diagnóstica, se desarrollaría cincuenta años después, como ya hemos comentado, apoyándose, entre otras, en sus investigaciones

Tiene en su honor el haber calculado el momento magnético del electrón y en 1944 se le concedió el Premio Nobel de Física por el descubrimiento del fenómeno de la resonancia magnética.

Otto Hahn y la fisión nuclear

Muchos consideran a este químico alemán, que tras pasar unos años investigando en Londres y Montreal regresó a Alemania en 1906, el padre de la energía nuclear.

A partir de esa fecha, en el nuevo Instituto Kaiser Guillermo de Berlín, entabló una intensa relación profesional con la austriaca *Lise Meitner*, que se prolongaría hasta la huída de ésta de Alemania.

Hahn y *Meitner* aislaron, en 1918, el isótopo 231 del protactinio, uno de los últimos elementos radiactivos descubiertos.

Otto Hahn y Lise Meitner en 1912

En 1934, *Fermi* había observado que al bombardear uranio con neutrones se liberaba una enorme cantidad de energía y, además, se formaban una serie de productos radiactivos.

A finales de 1938 *Hahn*, en colaboración con *Fritz Strassmann* pues *Meitner* se había visto obligada a huir de Alemania unos meses antes, a causa de la persecución nazi contra los judíos, llegó a la conclusión de que uno de los productos de la desintegración del uranio, tras el bombardeo con neutrones, era un isótopo radiactivo del bario y fue esto lo que le indujo a pensar que en el proceso del bombardeo con neutrones el átomo de uranio se había dividido en dos átomos más ligeros.

A este fenómeno se le denominó fisión nuclear y supuso a su descubridor el Premio Nobel de Química en 1944 quien, en el momento de su concesión, se encontraba preso en el Reino Unido. A partir de su confesión, los británicos intentaban obtener información sobre el fallido intento alemán de elaborar una bomba atómica.

Al igual que otros científicos de la época, al finalizar la guerra se convirtió en un activista por la paz mundial, la justicia social y el desarme.

Las propuestas para que los elementos 105 y 108 de la tabla periódica se denominasen, en su honor, *Hahnium* no prosperaron. Aún así su *curriculum* fue excepcional: presidente de la Sociedad *Max Planck*, miembro de honor de 45 Academias repartidas por todo el planeta incluidas la Real Sociedad Española de Física y Química, la Real Academia de Ciencias Exactas, Físicas y Naturales y el Consejo Superior de Investigaciones Científicas, en Madrid.

Lise Meitner: la dama que dijo no al "Proyecto Manhattan"

Lise Meitner, que había nacido en Viena en el seno de una familia judía, tuvo que superar su primer escollo como mujer cuando, en Berlín, hubo de pedir permiso a *Max Planck* para asistir a sus clases.

Planck no era partidario de que las mujeres accedieran a la universidad salvo que éstas mostraran un talento extraordinario y, rápidamente, entendió que *Lise* lo tenía. Además le permitió trabajar en uno de los laboratorios y sería allí donde conocería a *Otto Hahn*. Comenzaba una amistad y una colaboración profesional que duraría 30 años, pero que terminó quebrándose.

Formaban una pareja muy productiva pues a los conocimientos químicos de él se sumaban los físicos de ella. Esto facilitaba la preparación de muestras, su medición y la interpretación de los resultados. La rentabilidad era aún mayor si se tiene en cuenta que *Lise* no percibía salario alguno.

Tuvieron que transcurrir seis años hasta que, en 1913, *Lise* fuera nombrada ayudante de científico. Era la primera mujer que alcanzaba este "privilegio" en Prusia y ello vino acompañado de su primer salario. Eso sí, mucho más bajo que el de *Otto Hahn*.

Durante el verano de 1915, tuvo conocimiento de las actividades que *Marie Curie* y su hija *Irène* venían desempeñando detrás de las líneas del frente en Francia y Bélgica y dejó Viena. Se ofreció como voluntaria para ejercer de enfermera especialista en rayos X con el ejército austriaco y fue enviada como voluntaria a Polonia. Según relataba en sus cartas llegó a realizar más de doscientas radiografías al día aunque, en ellas, mostraba también su consternación porque, en muchas ocasiones, las radiografías no ayudaran a salvar la vida de los heridos, dada la gravedad de las lesiones con las que llegaban.

Antes del final de la guerra regresó, junto *a Otto Hahn*, al *Kaiser Wilhelm Institute* en el que trabajaba antes del inicio de la contienda. En 1918 publicaron conjuntamente un artículo sobre el descubrimiento del protactinio, en el que *Hahn* aparecía como investigador principal. Según ella misma expresó, fue el agradecimiento hacia *Hahn* para compensar la pérdida de años de investigación durante su permanencia en el frente de guerra.

Gracias a una invitación de *Planck* en 1912, *Einstein* conoció a *Lise Meitner*, a la que denominaba cariñosamente "nuestra *Marie Curie*".

En 1919 fue la primera mujer austriaca que obtuvo una plaza de profesora de universidad. Otra coincidencia con *Marie Curie*.

Ese mismo año, *Hahn* fue condecorado con la medalla *Emil Fischer*. El tribunal ofreció una copia de la medalla a *Meitner*, pero sin un reconocimiento explícito de su contribución. La protesta de *Lise* consistió en no asistir a la ceremonia a recoger su copia.

Con la llegada al poder del partido nazi empezaron los problemas. Se le privó de su título de profesora pero, a pesar de recibir ofertas para trabajar en Copenhague junto a *Niels Böhr*, decidió permanecer en Alemania y convenció a *Hahn* para seguir investigando el bombardeo de uranio con neutrones pues albergaba la posibilidad de crear elementos más pesados que el uranio.

En 1938 la situación política se agravó y *Lise* perdió su nacionalidad austríaca. *Hahn* fue obligado a expulsar a *Meitner* y así lo hizo. De nuevo *Niels Böhr* salió en su ayuda ofreciéndola una invitación formal a colaborar en su laboratorio. Pero entonces el gobierno alemán le retiró el pasaporte y le prohibió viajar. *Hahn*, *Von Laue*, *Planck* y *Bosch* hicieron lo posible para sacarla del país y, finalmente, partió en un tren con destino a Holanda, de manera clandestina. Desde allí viajó a Suecia donde, contrariamente a lo que hubiera supuesto, no encontró la hospitalidad que en ese momento difícil necesitaba. Pese a todo reemprendió sus investigaciones.

Como ya sabemos *Hahn* contrató un nuevo ayudante, *Otto Fritz Strassmann*, y con él consiguió la separación del uranio en dos núcleos menos pesados. Publicaron los resultados pero el nombre de ella no figuró en el artículo. ¡Al principio por ser mujer, ahora por ser mujer y judía!

En 1939, *Lise* y su sobrino *Otto Robert Frisch* formularon la explicación teórica de la primera fisión nuclear (la ruptura de un átomo pesado en otros más ligeros y más estables) descubierta por *Otto Hahn* y *Freidrich Strassmann* a partir de la ley del incremento de la masa de Einstein. El trabajo fue publicado en la revista *Nature* y fue la primera vez que el fenómeno descrito recibía el nombre de fisión nuclear.

En 1942 se le ofreció participar en el "Proyecto Manhattan" para conseguir una bomba atómica y terminar con el régimen nazi. Era la gran oportunidad para trasladarse desde Suecia a EEUU y trabajar con los grandes cerebros del momento, pero no aceptó.

Dejó muy claras sus razones: no quería tener nada que ver con una bomba. Fue el único científico que rehusó la oferta.

En 1944 se le concedió el Premio Nobel de Química a *Otto Hahn*. Nadie comprendió por qué habiendo trabajado juntos durante 30 años y habiendo sido nominados los dos en 1939 ahora se le concedía únicamente a él. ¿Machismo?

Hahn tenía el convencimiento de que él era el único descubridor de la fisión nuclear y que si no hubiera sido porque *Meitner* "entorpecía sus experimentos" el descubrimiento se habría producido antes. ¿Realidad o paranoia? Al decir de muchos, más bien lo segundo.

En EEUU, al final de la guerra, se produjo una corriente de reconocimiento a la labor de *Lise* en la fisión nuclear, hasta el punto que se la llegó a considerar *"la madre de la bomba atómica"*, título que nunca fue de su agrado, como podemos suponer.

Otto Hahn recogió el Nobel en 1947 y no realizó ninguna mención a los 30 años de colaboración que pasó junto a *Lise*. Este fue un duro golpe para *Meitner* que terminó de distanciarlos para siempre.

Ese fue el momento, además, en el cual *Lise* fue consciente de que jamás podría volver a Alemania, que se sentía incapaz de reconocer el país que una vez había sido su hogar. Lo seguiría amando en la distancia.

Estatua de Lise Meitner en la Universidad Humboldt de Berlin. Escultora : Anna Franziska Schwarzbach

Meitner no recibió un Nobel pero fue distinguida con el Premio Lieben, la Medalla Max Planck y el Premio Enrico Fermi. Fue miembro de la *Royal Society*, de la Real Academia de las Ciencias de Suecia, de la Academia Estadounidense de las Artes y las Ciencias y de la Academia Alemana de las Ciencias Naturales Leopoldina.

Albert Einstein rechazó todos los premios que le concedió Alemania. Por el contrario, *Lise Meitner* los aceptó todos en el convencimiento de que ello era importante para la reinserción y normalización del país.

El elemento químico 109 de la tabla periódica recibe el nombre de Meitnerio en honor a esta mujer que supo ser agradecida con sus amigos, solidaria cuando la situación lo exigió y a la que no le faltó ese punto de rebeldía sin el cual no hubiera alcanzado un lugar preeminente en un mundo, el científico, y en una época, la primera mitad del siglo XX, dominados por hombres.

Falleció en Cambridge, en 1968, a la edad de 90 años tras haber sido, a lo largo de toda su vida, una infatigable luchadora en pro del uso pacífico de la energía nuclear.

Wolfgang Ernst Pauli y el spin

Este físico austriaco nacionalizado suizo y posteriormente norteamericano fue, sin lugar a dudas, uno de los padres de la mecánica cuántica y en esta rama de la física realizó numerosas aportaciones.

En las primeras formulaciones de la física cuántica se reconocía la existencia de tres números cuánticos: el *principal*, que definía la energía del electrón en su órbita; el *magnético*, que definía la orientación de la órbita en el espacio, y el *acimutal*, que describía la forma de la órbita elíptica.

En 1924, para poder especificar los estados energéticos del electrón, *Pauli* propuso un cuarto número cuántico, el *spín*, que representaba la medida del momento angular del electrón o, lo que es lo mismo, de su dirección de giro sobre sí mismo. Determinó que podía adoptar los valores numéricos de ½ o -½.

Un año más tarde propondría el famoso "Principio de Exclusión", según el cual es imposible que dos electrones, en un átomo, puedan tener la misma energía, ocupar el mismo lugar y poseer idénticos números cuánticos.

Unos cuántos años después observó que cuando un núcleo atómico emitía una partícula beta se producía una pérdida de energía y eso "vulneraba" el principio de conservación de la energía. Para explicarlo propuso, en 1931, la existencia de algún tipo de partícula, eléctricamente neutra y sin masa o de masa inapreciable, que en el momento de la desintegración beta se "llevaba la energía" y cuya desaparición pasaba inadvertida pues, debido a su masa nula o prácticamente nula, interactuaba con la materia muy débilmente. Con posterioridad, *Enrico Fermi* denominaría a esta partícula, que no pudo ser detectada hasta 1956, neutrino.

Pauli de joven impartiendo clase

Recibió el Premio Nobel de Física en 1945 por el descubrimiento del principio de exclusión, al que muchas veces se le denomina "Principio de Exclusión de *Pauli*".

Fue miembro de la *Royal Society* y de las Academias de Ciencias de Suecia, Baviera, Países Bajos y Estados Unidos.

John Douglas Cockcroft y *Ernest Thomas Sinton Walton logran romper el núcleo atómico*

El inglés *John Cockcroft* brilló en el campo de la física a pesar de que su formación, en la Universidad de Manchester, había sido como matemático.

Junto al físico irlandés *Ernest Walton* fue el primero en conseguir la desintegración de un núcleo atómico. En sus experimentos utilizaron un acelerador de partículas, que ellos mismos habían desarrollado, y bombardearon núcleos de litio con protones. Observaron que algunos de los núcleos de litio absorbían un protón y se desintegraban dando lugar a dos núcleos de helio o, lo que es igual, a dos partículas alfa.

En 1938, la *Royal Society* les concedió, a ambos, la reconocida Medalla Hughes.

Durante la 2ª Guerra Mundial, como supervisor jefe del departamento de Investigación y Desarrollo de las Fuerzas Aéreas Británicas entre 1941 y 1944 y en su calidad de director de la división de energía atómica del Consejo de Investigación Nacional de Canadá entre 1944 y 1946, *Cockcroft* intervino en el desarrollo del radar y en las investigaciones para elaborar la bomba atómica. En 1946 dirigió las investigaciones que concluyeron con la construcción del primer reactor nuclear británico. Dos años después entró a formar parte de la nobleza británica al ser nombrado Sir.

John Cockcroft y *Ernest Walton* compartieron el Premio Nobel de Física, en 1951, *"por sus trabajos pioneros en la transmutación de núcleos atómicos mediante partículas aceleradas artificialmente"*.

Felix Bloch y Edward Mills Purcell: los padres de la Resonancia Magnética Nuclear

Cuando *Felix Bloch*, físico suizo de origen judío, comenzó sus estudios de ingeniería en la Escuela Politécnica Federal de Zúrich es muy posible que no tuviera una idea clara de cuál era el rumbo que quería dar a su vida, pues al año siguiente los abandonó y comenzó a estudiar física, en el mismo centro.

Lo que entonces desconocía es que ese cambio, con el paso de los años, iba a ser determinante para él y para el futuro del diagnóstico médico.

Prosiguió sus estudios en la Universidad de Leipzig, donde se doctoró en 1928. Hasta 1934, en que marchó a la Universidad de Stanford en Palo Alto (California), permaneció en Alemania y estudió con los grandes físicos del momento, *Heisenberg*, *Pauli*, *Böhr* y *Fermi*.

Convertido en ciudadano estadounidense, durante la Segunda Guerra Mundial colaboró en el "Proyecto Manhattan", trabajando en el Laboratorio Nacional de los Álamos, aunque dimitió para unirse al proyecto de radar que se estaba desarrollando en la Universidad de Harvard.

En los años previos al inicio de la guerra sus investigaciones habían estado dirigidas a determinar el momento magnético del neutrón, lo cual consiguió en 1939.

Su trabajo en la Universidad de Harvard le hizo familiarizarse con los modernos avances de la electrónica y ello le sugirió un nuevo enfoque en la investigación de los momentos magnéticos nucleares. De regreso a Stanford, una vez acabada la guerra, dirigió un equipo de investigación cuyos resultados culminaron en 1946 con la descripción del fenómeno de resonancia magnética nuclear.

Felix Bloch y Edward Purcell

Edward Mills Purcell, físico estadounidense, trabajando con su equipo de la Universidad de Harvard y sin contacto con el equipo de *Bloch*, llegó a las mismas conclusiones.

Lo que ambos equipos acababan de demostrar es que algunos núcleos atómicos, como por ejemplo el H-1 y el P-31, podían absorber energía de radiofrecuencia cuando eran colocados en el interior de un campo magnético de una potencia determinada.

Cuando esta absorción de energía tiene lugar se dice que los núcleos han resonado o entrado en resonancia y como los diferentes núcleos atómicos, presentes en una misma molécula, resuenan a frecuencias de radio distintas se cuenta con una herramienta que permite obtener información esencial acerca de la estructura química de las moléculas.

Las investigaciones de *Bloch* y *Purcell* fueron el punto de partida que culminaría en 1981 con la construcción del primer prototipo de tomógrafo de RMN y tuvieron como recompensa el Premio Nobel de Física que les fue otorgado en 1952, por *"el desarrollo de nuevos métodos en la medición precisa de efectos magnéticos nucleares"*.

Como todo el mundo conoce, la Resonancia Magnética Nuclear es una técnica diagnóstica ampliamente extendida en medicina pero, además, tiene multitud de aplicaciones en otras ramas de la ciencia como la bioquímica y la química orgánica.

Linus Carl Pauling: un auténtico polímata de la ciencia

El norteamericano *Linus Pauling* fue uno de los primeros químicos cuánticos aunque en su "tarjeta de visita" él mismo se presentaba como biólogo molecular, cristalógrafo e investigador médico.

En 1954 recibió el Premio Nobel de Química por su descripción de los enlaces químicos y en 1962 entró a formar parte del privilegiado club de personas que han recibido un Nobel en dos ocasiones. En ese año, se le concedió el Nobel de la Paz por su activismo contra las pruebas nucleares terrestres.

Si se pasara revista a los campos de la ciencia en los que realizó alguna incursión, en algún momento de sus 93 años de vida, concluiríamos que su mencionada "tarjeta de visita", al contrario de lo que en un primer momento podría habernos parecido, se quedaba corta. Sí, muy corta, pues realizó contribuciones en campos tan diversos como la química cuántica, la química inorgánica, la química orgánica, la metalurgia, la inmunología, la anestesiología, la psicología y la física nuclear.

Graduación de Pauling en la Universidad
Agrícola de Oregón en 1922

Fue uno de los primeros científicos en aplicar los principios de la mecánica cuántica para dar explicación a los fenómenos de difracción de los rayos X y logró describir satisfactoriamente las distancias y los ángulos de enlace entre átomos de diversas moléculas.

En colaboración con el biólogo de origen alemán *Max Delbrück* desarrolló el concepto de complementariedad molecular en las reacciones antígeno-anticuerpo. En otra colaboración conjunta, en este caso con el químico norteamericano *Robert B. Corey*, llegó a determinar la estructura helicoidal de determinadas proteínas y desarrolló un modelo para la estructura helicoidal de las biomoléculas en el que destacaba la importancia de los enlaces por puentes de hidrógeno, aspecto éste que resultaría clave a *Watson* y *Crick* para interpretar la estructura del ADN.

Fue muy amigo de *Robert Oppenheimer* pero su relación se rompió porque, al parecer, *Oppenheimer* intentó, sin demasiado disimulo, una aproximación nada inocente a la esposa de *Pauling*.

Cuando el "Proyecto Manhattan" se puso en marcha *Oppenheimer* propuso a *Pauling* como responsable químico del mismo pero, éste, rechazó la propuesta con el argumento de que él "era pacifista".

Aparte de los Nobel, recibió más de una docena de importantes Medallas y Premios como recompensa tanto a su labor investigadora como a su militancia pacifista. De igual manera, fue miembro de la *Royal Society* así como de las más importantes Academias de Ciencias del mundo.

Albert Abraham Michelson y la velocidad de la luz

Muchos años antes del periodo que nos ocupa, en 1907 cuando contaba 55 años, Michelson se convirtió en el primer estadounidense en conseguir el Premio Nobel de Física.

Aunque habría soñado con ello, seguramente nunca lo habría imaginado. Y mucho menos cuando, años atrás, ingresó en la Academia Naval de los Estados Unidos para convertirse, a los 21 años, en un flamante oficial. En la Armada prestó servicios como asesor científico y, ya entonces, mostró un interés por la que sería su gran "pasión": determinar la velocidad de la luz.

Cuando contaba 30 años abandonó la Armada y aceptó una plaza de profesor de Física en la *Case School of Applied Science* de Cleveland.

Entre 1920 y 1930 realizó multitud de mediciones, en diversos lugares y utilizando diferentes dispositivos, entre ellos un interferómetro, creado por él mismo, que le permitía medir distancias con una precisión muy alta. El valor obtenido en 1926 fue 299.796±4 km/s.

Hoy en día se sabe que la velocidad de la luz en el vacío es una constante universal cuyo valor es 299.792,46 km/s.

Albert A. Michelson en la U.S. Navy

Como ha quedado dicho, obtuvo el Nobel de Física en 1907 "*por sus instrumentos ópticos de precisión y por las investigaciones espectroscópicas y metrológicas llevadas a cabo con su ayuda*".

Miembro de la *Royal Society* y de las Academias de Ciencias de Suecia, Rusia y EEUU, recibió numerosas distinciones y medallas en agradecimiento a su labor investigadora.

Louis de Broglie y la dualidad onda-corpúsculo

El Príncipe *Louis-Victor Pierre Raymond de Broglie*, séptimo duque *de Broglie* y par de Francia, perteneció a una de las familias con más abolengo de la nobleza francesa. Tras obtener la licenciatura de física en la Sorbona se centró, desde el primer momento, en la física teórica. O más concretamente en aquellos aspectos de la física a los que él se refería con el nombre de "misterios" de la física atómica. Es decir, en aquellos problemas conceptuales que la ciencia hasta el momento no había conseguido resolver.

Tomando como base los estudios de *Einstein* y *Planck*, en 1924 presentó su tesis doctoral. En ella, bajo el título *"Recherches sur la théorie des quanta"* ("Investigaciones sobre la teoría de los cuantos"), abordaba de manera directa el tema de la naturaleza de las partículas subatómicas. El trabajo supuso la "presentación en sociedad" de la *Teoría de la dualidad onda-corpúsculo*, según la cual las partículas subatómicas, como los electrones, presentaban una doble naturaleza corpuscular y ondulatoria. Lo mismo cabía decir de los fotones de luz, los cuales unían a su naturaleza ondulatoria comportamientos propios de partículas materiales.

El físico teórico Louis de Broglie

Aunque en aquel año de 1924 era pronto para saberlo, su teoría abría la puerta a que en un futuro no demasiado lejano se pudiera construir un microscopio (electrónico) de mucha mayor resolución que los microscopios ópticos con los que en aquel momento se trabajaba. Y ello era así porque los electrones tenían longitudes de onda mucho menores que los fotones de luz (aproximadamente unas mil veces menores).

En 1926 *Erwin Schrödinger*, tras adoptar la hipótesis de *De Broglie* según la cual las partículas microscópicas son de naturaleza dual y se comportan a la vez como ondas y como partículas, publicó una serie de artículos que sentarían las bases de la moderna mecánica cuántica y que serían el embrión de su famosa ecuación diferencial, *Ecuación de Schrödinger*, que relacionaba la energía asociada a una partícula microscópica con la función de onda descrita por dicha partícula.

De Broglie fue distinguido con el Premio Nobel de Física en 1929 por el descubrimiento de la naturaleza del electrón, y en los años siguientes llegó a formar parte de la Academia de Ciencias (1933) y Academia Francesa (1943). En 1961 fue nombrado Caballero de la Gran Cruz de la Legión de Honor.

Werner Karl Heisenberg y el intento nuclear alemán

El físico, aunque matemático de devoción, *Werner Heisenberg* fue compañero de estudios de *Wolfgang Pauli* y colaborador de *Max Born* y *Niels Böhr*.

En 1925 comenzó a desarrollar lo que se denominaría "mecánica matricial", un sistema de mecánica cuántica cuya formulación matemática se basaba en las frecuencias y amplitudes de las radiaciones absorbidas y emitidas por el átomo y en los niveles energéticos del sistema atómico.

Pero *Heisenberg* es conocido fundamentalmente por la formulación del "Principio de Incertidumbre o de Indeterminación", aportación decisiva para el posterior desarrollo de la mecánica cuántica.

Lo enunció en 1927 y, básicamente, viene a decir que es imposible medir simultáneamente de forma precisa la posición y el momento lineal de una partícula.

Su publicación causó una auténtica revolución entre los físicos de la época pues ponía "patas arriba" la certidumbre de la física clásica e introducía un indeterminismo que afectaba a los fundamentos de la materia y del universo material. Pero esto no era todo. Este principio suponía la práctica imposibilidad de realizar mediciones perfectas pues, la sola presencia del observador, perturbaba los valores de las demás partículas e influía sobre la medida que se estaba llevando a cabo.

Con tan sólo 30 años recibió, en 1932, el Premio Nobel de Física por *"la creación de la mecánica cuántica, cuyo uso ha conducido, entre otras cosas, al descubrimiento de las formas alotrópicas del hidrógeno"*.

En 1935 intentó sustituir a *Arnold Sommerfeld*, el director de su tesis, quien por jubilación dejaba libre la plaza de profesor en Múnich. Pero los nazis lo impidieron. La causa no fue otra que intentar "cortar de raíz" cualquier "física judía" y en esa categoría entraban tanto la mecánica cuántica como la relatividad, que *Heisenberg* enseñaba en sus clases, y cuyos referentes eran *Max Born* y *Albert Einstein*.

Aun así, en 1938, *Heisenberg* aceptó dirigir el proyecto nazi para obtener una bomba atómica y durante la Segunda Guerra Mundial trabajó junto a *Otto Hahn*, el descubridor de la fisión nuclear, en un proyecto de reactor nuclear.

Werner Karl Heisenberg en 1933

Durante años existió la duda sobre si el proyecto alemán fracasó por falta de pericia de sus integrantes o porque *Heisenberg* y sus colaboradores lo "boicotearon" sabedores de lo que *Hitler* podría haber hecho con una bomba atómica. Se dice que *Heisenberg* formaba parte de la "*Sociedad del Miércoles*", un grupo opuesto al régimen nazi y cuyos miembros pertenecían a la élite económica, cultural y militar de Berlín.

A finales de 1941, en un acto que podría ser calificado de traición, *Heisenberg* visitó a *Böhr* en Copenhague, le habló del proyecto alemán de bomba atómica (se especula que le entregó un boceto de un reactor nuclear) y, conocedor de que *Böhr* mantenía contactos fuera de la Europa ocupada, le propuso que los científicos de ambos bandos retrasaran la investigación nuclear hasta que finalizara la guerra.

Posteriormente, tanto *Heisenberg* como *Max von Laue* afirmarían que existieron razones morales para no construir la bomba pero dirían, también, que no se dieron las circunstancias para hacerlo. Curiosamente, estas declaraciones fueron duramente criticadas por algunos de los científicos que participaron en el "Proyecto Manhattan" los cuales adujeron que lo que había ocurrido era, simplemente, que *Heisenberg* se había equivocado al calcular las cantidades de uranio-235 y de masa crítica necesarias para producir la reacción en cadena.

Poco antes de finalizar la guerra en Europa, y como parte de la llamada "*Operación Epsilon*", diez científicos entre los que se encontraban *Heisenberg*, *Otto Hahn* y *Max von Laue* fueron internados en una casa de campo llamada *Farm Hall*, cerca de Cambridge, en la campiña inglesa. Aunque nunca quedó muy claro, parece ser que algunos de los "retenidos" no tenían nada que ver con el programa nuclear alemán.

Los científicos fueron trasladados a *Farm Hall* el 3 de julio de 1945 y, utilizando micrófonos ocultos, todas las conversaciones que mantuvieron fueron grabadas.

El día 6 de agosto de 1945, a las seis de la tarde, el grupo de científicos escuchó el informe que la BBC emitió a través de la radio. En él se daba cuenta del bombardeo sobre la ciudad japonesa de Hiroshima.

Se dice, también, que la noche siguiente, *Heisenberg* dio una pequeña conferencia a sus compañeros en la que incluyó una estimación aproximada del uranio-235 y la masa crítica necesarios para producir la reacción en cadena en la bomba lanzada el día anterior, así como algunas características del diseño de la bomba.

Si esto aconteció como lo hemos relatado, es decir si *Heisenberg* realizó estos cálculos en menos de dos días, daría credibilidad a su afirmación de que el motivo por el que desconocía la masa crítica necesaria para desarrollar una bomba atómica durante la guerra era única y exclusivamente que no había intentado seriamente resolver la incógnita.

Otras fuentes afirman que en la pequeña conferencia, que *Heisenberg* ofreció a sus compañeros, quedó patente que carecía de los conocimientos necesarios para la creación de una bomba atómica.

Tuviera o no los conocimientos que se precisaban para tan difícil empresa lo cierto es que ha pasado a la historia de la física como uno de sus miembros mas preeminentes. Miembro de la *Royal Society*, más de una docena de Academias de otros tantos países tuvieron la fortuna de contar alguna vez con su presencia, hasta su muerte acontecida en 1976.

Farm Hall: Casa de campo donde fueron retenidos los científicos alemanes

Julius Robert Oppenheimer: poesía entre bombas atómicas

El nombre de *Julius Robert Oppenheimer*, físico teórico estadounidense, de origen judío y profesor de física en la Universidad de California en Berkeley, siempre irá unido al del "Proyecto Manhattan", el proyecto que consiguió desarrollar las primeras armas nucleares de la historia y que en agosto de 1945 devastarían las ciudades japonesas, Hiroshima y Nagasaki.

Estudió en Harvard y se interesó por la física experimental pero, dado que en EEUU no había centros importantes de física experimental se le sugirió que continuara su formación en Europa. Fue así como recaló en el famoso *Cavendish Laboratory* de *Ernest Rutherford* y, allí, donde comprendió que su fuerte era la física teórica y no la experimental. Ello le llevó a hacer de nuevo las maletas, esta vez, con destino a la Universidad de Gotinga, en Alemania, para estudiar bajo la dirección de *Max Born*.

En Gotinga estableció amistad con otros estudiantes famosos, entre ellos *Paul Dirac* quien, rompiendo ese mutismo que tanto le caracterizaba y al que ya hemos hecho referencia, en cierta ocasión le espetó: "*Me han contado que escribes poesía. No puedo entender cómo alguien que trabaja en los límites de la física puede simultanear su trabajo con la poesía, que representa una actividad en el polo opuesto. Cuando trabajas en ciencia tienes que escribir sobre cosas que nadie sabe con palabras que todo el mundo sea capaz de entender. Por el contrario, al escribir poesía estás obligado a decir algo que todo el mundo sabe con palabras que nadie entiende*".

Tras su estancia en Europa, regresó de nuevo a Harvard en 1927, recalando posteriormente en el Instituto Tecnológico de California en Pasadena.

Al igual que otros muchos intelectuales estadounidenses de esa época, su ideología era marcadamente izquierdista. Financió al bando republicano español durante la Guerra Civil, con parte de la fortuna que había heredado de sus padres, y, aunque nunca llegó a afiliarse al Partido Comunista de los Estados Unidos, dio su apoyo a cualquier iniciativa antifascista promovida por las organizaciones de izquierda.

En contra del parecer de muchos izquierdistas, colaboró estrechamente con *Ernest Orlando Lawrence* en el proyecto inicial sobre la bomba atómica que se estaba desarrollando en el Laboratorio de Radiación de la Universidad de Berkeley. En dicho proyecto asumió la tarea de realizar los cálculos sobre los neutrones y con ello la construcción de la bomba de uranio experimentó un desarrollo espectacular.

Cuando, ante el avance de la guerra, el ejército pasó a ocuparse de esta investigación bautizada como ya sabemos como "Proyecto Manhattan", *Oppenheimer* fue nombrado director científico del mismo.

Durante todo el tiempo que duró la construcción de la bomba nuclear, *Oppenheimer* fue vigilado en secreto por el *FBI* pues el Gobierno recelaba de su ideología izquierdista y de los contactos que mantenía con amigos instalados en posiciones políticas radicales.

Si nunca se llegó a prescindir de él fue porque el *General Leslie R. Groves*, director militar y máximo responsable del "Proyecto Manhattan", estaba convencido de que sus conocimientos y contactos eran imprescindibles para mantener unidos a todos los integrantes del proyecto.

El 16 de julio de 1945 tuvo lugar la prueba nuclear *Trinity*, que consistió en estallar una bomba de plutonio en el desierto de Nuevo México. El éxito de la explosión vino a confirmar, a las autoridades civiles y militares de los EEUU, que no se habían equivocado confiando en *Oppenheimer*. Menos de un mes después se lanzarían las bombas sobre Hiroshima y Nagasaki.

Julius Robert Oppenheimer

A *Oppenheimer* se le atribuye el nombre del proyecto, *Trinity*. La realidad es que el nombre proviene de un poema de *John Donne*, poeta metafísico de la segunda mitad del siglo XVI y primera mitad del XVII, del que *Oppenheimer* era un gran admirador.

Era tal su pasión por la poesía que se dice que aprendió sánscrito para poder leer el *Bhagavad Gita* (Canción de Dios), antigua escritura hindú que narra los momentos previos al inicio de la guerra de *Kurukshetra*.

Según contó él mismo, en el momento de la explosión de *Trinity*, *"supimos que el mundo ya no sería el mismo, unas pocas personas rieron, unas pocas lloraron, muchas permanecieron en silencio"*.

En ese momento, le vinieron a la mente unas líneas del *Bhagavad Gita*. Aquellas en las que *Vishnu* está tratando de persuadir al Príncipe para que cumpla con su deber y para impresionarlo adopta su forma con múltiples brazos y dice: *"Ahora, me he convertido en la muerte, la destructora de mundos"*. De una forma u otra, seguro que eso fue lo que pensaron todos los presentes en la prueba nuclear.

Prueba nuclear Trinity el 16 de julio de 1945

En el año 2000, *Dartmouth James A. Hijiya*, profesor de historia de la Universidad de Massachusetts escribió un ensayo en el que intenta explicar la manera en que *Oppenheimer* interpretaba aquel pasaje del *Bhagavad Gita*. En él, *Vishnu*, el dios, quiere convencer a *Arjuna*, el príncipe, de que debe ir a la guerra, a lo que él se niega pues supondría matar a sus propios familiares y amigos. Al final, *Vishnu* le convence de que no puede rehuir un deber que es más grande que él. Es su obligación y no puede elegir. *Arjuna* acaba acudiendo a la guerra.

Según *Hijiya*, *Oppenheimer* no se veía a sí mismo como *Vishnu*. Él no se arrogaba el papel de un dios. Era, eso sí, el príncipe destinado a cumplir aquel deber inevitable. Era *Arjuna*. Una prueba terrible para cualquier ser humano.

Oppenheimer siempre expresó su pesar por la muerte de víctimas inocentes y tras el final de la Segunda Guerra Mundial, desde el cargo de asesor jefe de la Comisión de Energía Atómica de Estados Unidos, abogo por el control internacional del poder nuclear, evitar la proliferación de armamento nuclear y frenar la carrera armamentística emprendida por los EEUU de América y la URSS.

Se opuso abiertamente, aunque no sin ciertas controversias, al desarrollo de la bomba de hidrógeno, bomba de fusión, mucho más potente que la de uranio. Por ello, por sus opiniones públicas y por sus vinculaciones con intelectuales de izquierda fue perseguido por el *Macarthismo* (lo mismo le ocurrió a su hermano, el también físico *Frank Friedman Oppenheimer*) y, aunque no lograron declararlo culpable, fue destituido de la Comisión de Energía Atómica y se le retiró el acceso a la documentación militar secreta de su país. Tuvo mucho que ver en ello la acusación de espionaje vertida contra él por, quien había sido su colaborador en el "Proyecto Manhattan", *Edward Teller* y que fue apoyada por el Director del FBI, *J. Edgar Hoover*.

Lo que *Teller* pretendía era tener vía libre para desarrollar la bomba de hidrógeno a la que, como hemos dicho, *Oppenheimer* se oponía.

La rehabilitación de su figura vendría, algunos años después, de la mano del Premio *Enrico Fermi*, que le fue concedido en 1963 por el presidente *Kennedy* y le sería entregado por su sucesor *Lyndon Johnson*, poco más de una semana después del asesinato de su predecesor.

El Presidente Lyndon Johnson entrega el Premio Fermi
a un envejecido y enfermo Oppenheimer (izquierda)

Al margen de sus trabajos en el campo de la fisión nuclear, realizó investigaciones sobre partículas elementales, rayos cósmicos y agujeros negros, por poner algunos ejemplos.

Su figura nunca estuvo exenta de cierta polémica. Muchos científicos opinan que sus descubrimientos nunca estuvieron a la altura de su talento, y por ello le consideran un físico importante pero no lo encuadran dentro de los más grandes. Otros, por el contrario, han llegado a decir que si hubiera vivido lo suficiente, para haber visto sus predicciones confirmadas experimentalmente, habría ganado un Nobel por sus trabajos sobre las estrellas de neutrones y los agujeros negros.

Julius Robert Oppenheimer fue un gran erudito. Hablaba con fluidez ocho idiomas y al margen de su actividad científica estaba interesado en campos tan diversos como la poesía, que ya hemos reseñado, la lingüística y la filosofía. No consiguió el Nobel de Física pero, como ya hemos comentado, se le distinguió con el Premio *Enrico Fermi* y fue miembro de la Academia Estadounidense de las Artes y las Ciencias y de la *Royal Society*.

Los últimos años de su vida los pasó navegando con su esposa y descansando en una pequeña propiedad que había adquirido en 1957 en la isla de Saint John, una de las Islas Vírgenes de los Estados Unidos. La playa *Gibney*, donde estaba localizada su residencia, en la actualidad es conocida coloquialmente como "*Oppenheimer Beach*".

Falleció de un cáncer de garganta en 1967 y a su funeral asistieron muchos de los científicos, políticos y militares que habían colaborado con él en el "Proyecto Manhattan".

LAS CONFERENCIAS SOLVAY

Una enfermedad impidió al belga *Ernest Solvay* estudiar en la universidad por lo que en 1859, cuando contaba 21 años, comenzó a trabajar en una fábrica de productos químicos propiedad de un tío suyo. Autodidacta, pronto adquirió conocimientos importantes de física y química y en tan sólo dos años creó varios métodos de purificación de gases y patentó un método para producir carbonato sódico (sosa), a partir de una solución saturada de sal común tratada con amoniaco y dióxido de carbono.

La invención de este método fue uno de los hitos de la Segunda Revolución Industrial que, años después, permitiría a *Solvay* poseer el monopolio mundial de la fabricación de sosa (Sosa *Solvay*).

Construyó su primera fábrica con 25 años y en ella terminó de perfeccionar su método. En 1890 poseía varias empresas en el extranjero y, cuando el siglo XX vio la luz, el 95% de la producción mundial de sosa provenía de sus factorías.

Actualmente el "emporio *Solvay*" lo constituyen alrededor de 400 centros de trabajo, distribuidos por más de 50 países, que dan trabajo a más de 30.000 empleados.

Curiosamente, en el condado de Onondaga, perteneciente al estado de Nueva York, hay un municipio de unos 6.000 habitantes llamado Solvay y que debe el nombre a la instalación, en 1884, de una de estas fábricas.

En España la empresa *Solvay* cuenta con una factoría en Barreda, localidad de unos 3.000 habitantes perteneciente al municipio cántabro de Torrelavega. Lleva funcionando desde 1904 y es, sin duda, un referente del cinturón industrial de la comarca del Besaya.

Los éxitos empresariales reportaron a *Ernest Solvay* una fortuna considerable y con parte de la misma creó varias instituciones de investigación científica, en diversas disciplinas (fisiología, sociología, física y química), así como la conocida Escuela de Negocios de Bruselas.

La diversidad de instituciones creadas respondía a la idea, que siempre acompañó a *Solvay*, de que los problemas políticos y sociales sólo podrían ser solucionados si se aplicaban los métodos racionales de la Ciencia.

En alguna ocasión *Solvay* comentó *"siempre he intentado servir a la Ciencia porque la amo y la veo como una promesa de progreso para la humanidad"*.

Su labor podría ser comparada con la realizada por otro industrial químico de finales del siglo XIX, el sueco *Alfred Nobel*. Como todo el mundo conoce, *Nobel* donó buena parte del dinero ganado con la fabricación de dinamita, imprescindible para las grandes obras del siglo XIX, para premiar a las personas que, en beneficio de la humanidad, hubieran destacado en diferentes disciplinas científicas y culturales.

Ernest Gaston Joseph Solvay en 1900

Ernest Solvay fue, además, un precursor en el reconocimiento de los derechos sociales y laborales de los trabajadores de sus industrias. Creó un sistema de seguridad social, inexistente en esa época, que rebajaba la jornada laboral a 8 horas diarias e incluía vacaciones pagadas y un incipiente sistema de pensiones.

Elegido dos veces senador, fue un comprometido político liberal que llegó a ser Ministro de Estado al concluir la Primera Guerra Mundial.

Vista panorámica de la empresa Solvay en Torrelavega desde el monte La Masera

Primeras Conferencias

De todas las iniciativas filantrópicas que emprendió, la más destacable, sin lugar a dudas, fue la organización de las denominadas Conferencias o Congresos *Solvay* de Física, por el papel que jugaron en el desarrollo de las teorías de la mecánica cuántica y la estructura del átomo.

Hasta el día de hoy se han celebrado 27 Conferencias de Física. La última tuvo lugar en el año 2017, sobre el tema *"La física de la materia viva: espacio, tiempo e información en biología"*.

El primer Congreso, celebrado en 1911, se celebró en el Hotel Metropole de Bruselas entre los días 29 de octubre y 4 de noviembre.

Ernest Solvay buscando el equilibrio entre Alemania, Francia y Gran Bretaña había considerado que Bruselas era "un entorno neutral entre científicos". Fue presidido por el físico holandés *Hendrik Lorentz*, quien fue nombrado Presidente de la Conferencia teniendo en cuenta su condición de políglota, y reunió a algunos de los físicos más importantes del momento, como *Henri Poincaré* y *Marie Curie*, y a algunos de los jóvenes que ya "apuntaban maneras" como *Frederick Lindemann* y *Albert Einstein*. Por cierto que *Einstein*, en una carta dirigida a un amigo, describió esta Primera Conferencia de forma humorística como *"un aquelarre o reunión de brujas que habría sido del agrado de jesuitas demoniacos"*.

Asistentes a la 1ª Conferencia Solvay de Física en 1911

El tema principal de la conferencia fue *"la radiación y los cuantos"* y uno de los aspectos considerados fue la problemática que generaba la coexistencia de las dos ramas de la física, la clásica y la teoría cuántica.

Una curiosidad de aquella primera conferencia que, para algunos, no ha pasado desapercibida es la fotografía de grupo que se realizaron los asistentes. En ella aparece *Ernest Solvay*, el tercero por la izquierda, pero la desproporción entre la cabeza y el cuerpo ha dado lugar a alguna que otra especulación. ¿No estuvo presente y su imagen se añadió después? Si fue así, ¿hubo un doble ocupando su hueco o un científico al que, posteriormente, se descabezó? No deja de ser una simple anécdota.

Al no llegarse a un consenso total, *Solvay* propuso celebrar una segunda conferencia en 1913, darles continuidad celebrando una cada tres años y constituir el Instituto *Solvay* de Física.

Se nombró, entonces, un comité académico que sería, a partir de ese momento, el encargado de decidir los temas a tratar y de elegir a los participantes en las conferencias.

El tema principal de la Segunda Conferencia, celebrada como ya hemos dicho en 1913, fue "*la estructura atómica de la materia*" pero a pesar de que en 1911 y 1912 se habían producido importantes avances en este campo, como por ejemplo los modelos atómicos de *Thomson* y *Rutherford*, se pasó de puntillas sobre ellos pues de la primera reunión habían quedado muchos cabos sueltos, que finalmente se abordaron en ésta. No obstante, se discutieron algunos aspectos importantes sobre estructura atómica (naturaleza de los rayos catódicos, radiactividad) y sobre las estructuras cristalinas (difracción de rayos X).

Asistentes a la 2ª Conferencia Solvay en 1913

A esta segunda Conferencia asistieron figuras tan importantes como *Max Von Laue, William Lawrence Bragg, Ernest Rutherford, Paul Langevin, Marie Curie, Joseph John Thomson, Hendrik Lorentz* o *Albert Einstein*. En total fueron 30 investigadores, 10 de los cuales habían sido galardonados, o lo serían en el futuro, con el Premio Nobel.

La Guerra separa a los científicos de uno y otro bando

La Tercera Conferencia debería haberse reunido en 1916 pero la Guerra Mundial impidió su celebración. Se celebró, por fin, en 1921 y quedó ensombrecida porque no fue invitado ningún científico alemán. Pese a la insistencia de *Lorentz*, franceses y belgas boicotearon a los científicos alemanes y austriacos.

El tema principal de la Conferencia fue "*átomos y electrones*" pero la ausencia de los investigadores alemanes tuvo como consecuencia que el nivel de la Conferencia disminuyera ostensiblemente, pues los estudios importantes en los campos de la teoría cuántica y la teoría de la relatividad se estaban llevando a cabo, principalmente, en las universidades alemanas.

No obstante, estuvieron presentes un elenco importante de personalidades: *Marie Curie, William Lawrence Bragg, Paul Langevin, Hendrik Lorentz, Joseph Larmor, Ernest Rutherford, Albert Abraham Michelson* y *Robert Andrews Millikan,* entre otros.

3ª Conferencia Solvay de Física en 1921

En la Conferencia se constató el gran progreso que se había conseguido sobre el conocimiento de la estructura atómica, a pesar de la guerra.

En 1922 tuvo lugar la primera Conferencia *Solvay* de Química. Muchos de los asistentes eran físico-químicos y de ellos *Perrin* y *Bragg* padre habían estado presentes en la de Física de 1921. A diferencia de las de Física, no hubo un tema central aunque las grandes discusiones se centraron en validar la importancia de la determinación de la estructura molecular por difracción de rayos X.

Asistentes a la 1ª Conferencia Solvay de Química (1922)

La reunión de 1922 sería la última a la que asistiría *Ernest Solvay* pues su fallecimiento se produciría ese mismo año.

Tanto esta primera reunión de química como las celebradas en 1925 y 1928 tuvieron lugar sin la presencia de científicos alemanes ni americanos. En ellas se constató la necesidad de aplicar la teoría física a problemas químicos y desarrollar una química teórica que fuera complemento de la física teórica.

La Cuarta Conferencia de Física, cuyo tema central fue *"la conducción eléctrica de los metales"* tuvo lugar en 1924 y, a pesar de su éxito, quedó constancia de que las tensiones con los científicos alemanes seguían patentes pues, al igual que había ocurrido en 1921, no fueron invitados. Por solidaridad con los científicos alemanes, *Albert Einstein* declinó también la invitación.

Entre los asistentes figuraban algunos de los asiduos a las conferencias anteriores: *Marie Curie, Ernest Rutherford, Hendrik Lorentz, William Henry Bragg* y *Paul Langevin*.

4ª Conferencia Solvay celebrada en 1924

Electrones y fotones

La más famosa de las Conferencias *Solvay* fue la que tuvo lugar en 1927. Bajo el tema principal *"electrones y fotones"* se reunieron en Bruselas un total de 29 asistentes. De ellos, 17 habían recibido, o recibirían años más tarde, el Premio Nobel de Física o Química. Y, entre todos ellos, *Marie Curie* que lo había ganado en dos ocasiones, como ya sabemos: el de Física, en 1903, compartido con su marido *Pierre* y con *Henri Becquerel*, y el de Química en 1911. Seguramente no haya existido otra generación de tanto mérito en la historia de la ciencia.

Lorentz puso todo de su parte para que fueran invitados los científicos alemanes, ausentes en las dos reuniones anteriores, y así ocurrió.

Pero esta Conferencia no sólo simbolizó el reencuentro con los científicos alemanes sino que representó la puesta de largo de la mecánica cuántica.

5ª Conferencia Solvay de Física celebrada en 1927

Se considera la reunión más emblemática de todas las realizadas, dado que supuso un avance que consagró el paso de la "antigua teoría de los cuantos" a la Mecánica Cuántica.

A partir del tema principal, los asistentes discutieron sobre la teoría cuántica, formularon una nueva manera de entender el mundo y comprendieron que para describir y entender la naturaleza había que olvidarse de muchas de las ideas preconcebidas que el ser humano había ido acumulando a lo largo de su historia. De alguna manera, es como si se cerrara el círculo que se había comenzado a trazar en la primera Conferencia cuando la teoría cuántica se presentó como una simple hipótesis.

Como he dicho fueron 29 los asistentes. Muchos de ellos realizaron, a lo largo de su vida, alguna investigación o descubrimiento en relación con los rayos X o la radiactividad:

1. *Max Planck*: Se le considera el padre de la mecánica cuántica. Propuso la denominación de quantos para referirse a los paquetes de energía. Obtuvo el Premio Nobel en 1918.

2. *William Lawrence Bragg*: Con sólo 25 años fue galardonado junto a su padre, *William Henry Bragg*, en 1915 con el Nobel de Física por sus investigaciones acerca de la difracción de rayos X.

3. *Emile Henriot*: Realizó el doctorado bajo la dirección de *Marie Curie*. Descubrió la radiactividad natural del potasio y el rubidio. Fue uno de los pioneros en las bases del microscopio electrónico.

4. *Marie Curie*: Como ya sabemos aisló el radio y el polonio. Primera mujer en ganar un Nobel (1903) y primera persona en ganar dos Nobel (el segundo en 1911).

5. *Hendrik Lorentz*: Realizó importantes aportaciones en los campos de la termodinámica, la radiación, el magnetismo y la refracción de la luz. Recibió el Nobel de Física en 1902.

6. *Paul Dirac*: Predijo la existencia de la antimateria y contribuyó de manera extraordinaria al desarrollo de la mecánica cuántica. Nobel de Física en 1933.

7. *Albert Einstein*: Enunció las teorías de la relatividad especial y la relatividad general y realizó investigaciones acerca del movimiento browniano y el efecto fotoeléctrico. Nobel de Física en 1921.

8. *Erwin Schrödinger*: Estudió el comportamiento cuántico de una onda continua, estableciendo la ecuación de onda o "Ecuación de Schrödinger". Nobel de Física en 1933.

9. *Arthur Compton:* Describió el Efecto Compton o dispersión de los rayos X, con aumento de su longitud de onda, cuando chocan con los electrones. Nobel de Física en 1927.

10. *Louis de Broglie:* Descubrió las propiedades ondulatorias asociadas a las partículas, corroborando la Ecuación de Schrödinger. Nobel de Física en 1929.

11. *Wolfang Pauli*: Estableció el "Principio de Exclusión" según el cual no pueden coexistir dos partículas atómicas con idénticos números cuánticos. Nobel de Física en 1945.

12. *Werner Heisenberg*: Inventó la mecánica cuántica matricial y enunció el "Principio de Indeterminación o Incertidumbre". Nobel de Física en 1932.

13. *Max Born*: Abuelo de la cantante y actriz *Olivia Newton-John* y autor del término "mecánica cuántica". Nobel de Física en 1954.
14. *Niels Böhr*: Enunció que el momento angular orbital del electrón sólo posee valores discretos y que los fenómenos cuánticos son inherentemente probabilísticos. Nobel de Física en 1922.

De todos los Congresos *Solvay* han quedado registros fotográficos, atribuidos al fotógrafo *Benjamin Couprie*, pero la fotografía que se tomó en esta quinta conferencia es considerada la fotografía más famosa de la historia de la ciencia.

Y si la fotografía mencionada es famosa, las discusiones, no sin cierto acaloramiento, protagonizadas por *Einstein* y *Böhr* no dejan de ser anécdotas ingeniosas y divertidas. La que describo a continuación es la más famosa y, prueba de ello es que aparece descrita en multitud de textos. Parece ser que ambos estaban discutiendo acerca del "Principio de Incertidumbre" de *Heisenberg* cuando *Einstein* comentó: *"Usted cree en un Dios que juega a los dados"*, a lo que *Böhr* respondió: *"Einstein, deje de decirle a Dios lo que debe hacer con los dados"*.

Muchos años después, el astrofísico y físico teórico británico *Stephen Hawking* también respondió a *Einstein* cuando advirtió que *"Dios no sólo juega a los dados con el Universo, sino que a veces los arroja donde no podemos verlos"*.

Probablemente, *Einstein* habría disfrutado enormemente discutiendo y cambiando impresiones con *Hawking*. Pero para entonces, *Albert Einstein* ya no podía responder.

La física española ocupa un lugar destacado

En 1930 tuvo lugar la que sería la Sexta Conferencia. El tema central de la misma fue *"el magnetismo"* y fue presidida por *Paul Langevin* ya que *Lorentz* había fallecido.

Entre los asistentes se encontraban *Marie Curie*, *Émile Henriot*, *Otto Stern*, *Paul Dirac*, *Wolfgang Pauli*, *Enrico Fermi*, *Werner Heisenberg*, *Albert Einstein*, *Niels Böhr*, *Owen Willans Richardson*, *Paul Langevin* y Blas Cabrera y Felipe.

Asistentes a la 6ª Conferencia Solvay (1930)
Blas Cabrera aparece sentado (3º por la derecha)

Esta Sexta Conferencia fue de especial relevancia para la física española pues era la primera vez que un español, Blas Cabrera y Felipe, acudía a uno de estos eventos.

Blas Cabrera había sido nombrado, en 1928, miembro del Comité Científico que debía organizar la VI Conferencia y lo había sido a propuesta de *Albert Einstein* y *Marie Curie*, debido a sus importantes trabajos experimentales sobre susceptibilidad magnética. La ponencia con la que participó llevaba por título "*Las propiedades magnéticas de la materia*".

Retrato de Blas Cabrera, por Eulogia Merle

Cabrera, canario de nacimiento, comenzó estudiando Derecho por tradición familiar pero Ramón y Cajal, intuyendo sus cualidades para las ciencias, le convenció para que se decantara por una especialidad científica. Fue así como estudió matemáticas y física, materias en las que se doctoró en 1901.

En el año 1905 ganó la cátedra de Electricidad y Magnetismo en la Universidad Central y en 1910 fue nombrado director del recién creado Laboratorio de Investigaciones Físicas. Posteriormente, llegaría a ser rector de la Universidad Central y secretario de la Oficina Internacional de Pesas y Medidas que dirigía *Pieter Zeeman*.

Las mediciones que realizó contribuyeron a validar las teorías cuánticas del magnetismo. Además, realizó importantes aportaciones a la ciencia física entre las que cabe destacar la ley que describe la variación de los momentos magnéticos de los átomos de la familia del hierro, la modificación de la Ley *Curie-Weiss* que describe la susceptibilidad magnética de los materiales ferromagnéticos en la región paramagnética más allá del punto de *Curie* y la ecuación para describir el momento magnético de los átomos considerando el efecto de la temperatura.

La "*estructura y propiedades de los núcleos atómicos*", presidida también por *Langevin,* fue el tema central de la Séptima Conferencia celebrada en 1933 y también contó con la presencia del español Blas Cabrera. Fue, además, el primero de los Congresos *Solvay* en el que *Marie Curie* dispuso de "compañía femenina" pues a él asistieron las otras dos "damas de la física": *Irène Curie* y *Lise Meitner*.

Además esta Séptima Conferencia, que resultó clave para el inicio de la Física Nuclear, marcó el fin de una época pues, por un lado, los científicos alemanes de origen judío tuvieron que partir al exilio y, por otro, se produjo la disolución del Instituto *Solvay* de Física.

Los nombres de los asistentes a la conferencia hablan por sí solos del momento que estaba atravesando la investigación física, con el núcleo atómico en el centro de la misma. *Chadwick, Schrödinger, Böhr, Marie Curie, Irène Joliot-Curie, Langevin, Rutherford, Richardson, de Broglie, Lise Meitner, Henriot, Frédéric Joliot-Curie, Heisenberg, Fermi, Dirac, Walton, Pauli,* Cabrera, *Cockcroft, Lawrence* y *Einstein* son los más conocidos.

Asistentes a la 7ª Conferencia Solvay (1933). Destacadas, de izda a dcha, Irène Curie, Marie Curie y Lise Meitner

La Guerra, de nuevo, protagonista

El ambiente prebélico y la Segunda Guerra Mundial impidieron la continuidad de estos encuentros. La siguiente conferencia tendría lugar quince años después, en 1948. Lo mismo ocurriría con las Conferencias de Química. La última antes de la guerra tuvo lugar en 1937.

Disuelto el Instituto *Solvay* de Física, después de la Segunda Guerra Mundial, la organización de las conferencias corrió a cargo de la Universidad Libre de Bruselas la cual modificó los estatutos de los congresos de forma que lo que, hasta ese momento, habían sido reuniones caracterizadas por un cierto intimismo pasaron, en algunos casos y sobre todo en años recientes, a ser sesiones abiertas a un público más amplio.

En 1948 se retomaron las conferencias. El tema principal fue *"partículas elementales y sus interacciones"*. La Física Nuclear seguía marcando el paso de las investigaciones.

Hasta la fecha se han realizado veintisiete Conferencias *Solvay* de Física y veinticuatro de Química. La última Conferencia de Física tuvo lugar en 2017 sobre el tema *"La física de la materia viva: espacio, tiempo e información en biología"* como ya hemos comentado. Por su parte, la última Conferencia *Solvay* de Química tuvo lugar en Bruselas, en octubre de 2016, y el tema central de la misma fue *"Catálisis en Química y Biología"*.

N°	AÑO	TÍTULO	CHAIR
1	1911	La théorie du rayonnement et les quanta	
2	1913	La structure de la matière	
3	1921	Atomes et électrons	Hendrik Lorentz (Leiden)
4	1924	Conductibilité électrique des métaux et problèmes connexes	
5	1927	Électrons et photons	
6	1930	Le magnétisme	Paul Langevin (París)
7	1933	Structure et propriétés des noyaux atomiques	
8	1948	Les particules élémentaires	
9	1951	L'état solide	
10	1954	Les électrons dans les métaux	William Lawrence Bragg (Cambridge)
11	1958	La structure et l'évolution de l'univers	
12	1961	La théorie quantique des champs	
13	1964	The Structure and Evolution of Galaxies	J. Robert Oppenheimer (Princeton)
14	1967	Fundamental Problems in Elementary Particle Physics	R. Møller (Copenhage)
15	1970	Symmetry Properties of Nuclei	Edoardo Amaldi (Roma)
16	1973	Astrophysics and Gravitation	
17	1978	Order and Fluctuations in Equilibrium and Nonequilibrium Statistical Mechanics	Léon van Hove (CERN)
18	1982	Higher Energy Physics	
19	1987	Surface Science	F. W. de Wette (Austin)
20	1991	Quantum Optics	Paul Mandel (Bruselas)
21	1998	Dynamical Systems and Irreversibility	Ioannis Antoniou (Bruselas)
22	2001	The Physics of Communication	
23	2005	The Quantum Structure of Space and Time	David Gross (Santa Bárbara)
24	2008	Quantum Theory of Condensed Matter	Bertrand Halperin (Harvard)
25	2011	The Theory of the Quantum World	David Gross (Santa Bárbara)
26	2014	Astrophysics and Cosmology	Roger Blandford (Stanford)

Lazos de amistad y discusión

Las Conferencias *Solvay* que tuvieron lugar en el periodo de entreguerras reunieron a los más grandes científicos de la época y ello permitió no sólo avances muy importantes en campos como la mecánica cuántica o la estructura del átomo sino que sirvió también para estrechar lazos, en ocasiones muy fuertes, entre los científicos que asistieron a las mismas.

W. Nernst, A. Einstein, M. Planck, R.A. Millikan y von Laue

Tal vez el ejemplo más claro sea la relación que se forjó entre *Marie Curie* y *Albert Einstein*. Pero no fue la única. A partir de sus conocidas y sonoras discusiones, *Albert Einstein* y *Niels Böhr* fraguaron una buena relación basada en el respeto mutuo.

Marie Curie y *Albert Einstein* coincidieron por primera vez en la Conferencia de 1911 y, lo hicieron después, en las de 1913, 1927 y 1930. A partir de la Primera Conferencia trabaron una gran amistad, hasta el punto de que en diversas ocasiones compartieron vacaciones en la montaña con sus respectivas familias. Concretamente, el verano de 1913, *Curie* y *Einstein*, recorrieron a pie, mochila al hombro, el Valle de Engadina, valle alpino situado al este de Suiza.

En su libro *"La vida heroica de Marie Curie, descubridora del radio, contada por su hija"*, ésto es lo que dice *Ève Curie* al respecto de la relación entre su madre y *Einstein*: *"Entre la señora Curie y Einstein existe, desde hace muchos años, una encantadora 'camaradería de genios'. Se admiran el uno al otro. Su amistad es franca, fiel, y sea en alemán o en francés, mantienen un diálogo interminable de física teórica"*.

Además, durante el "*affaire Langevin*" en el verano de 1911, *Einstein* había sido de las primeras personas en salir en defensa de *Marie Curie* y de ofrecerle su respeto y apoyo.

Marie Curie y Albert Einstein

Aunque en un sentido distinto, las discusiones que *Böhr* y *Einstein* mantuvieron, no sólo en las Conferencias sino a través de una importante correspondencia epistolar, podrían calificarse de emblemáticas. Las mantenidas en la Conferencia de 1927, y de las que ya hemos referido una pequeña anécdota, han pasado a la historia. No solo tenían lugar durante la conferencia sino que comenzaban durante el desayuno y finalizaban bien entrada la noche. Cada mañana *Einstein* tenía nuevos argumentos; cada noche *Böhr* los refutaba. Ambos eran terriblemente obstinados y las discusiones continuaron hasta el principio de la guerra, en 1939.

Böhr publicó un artículo titulado "*Discusión con Einstein sobre los Problemas Epistemológicos en Física Atómica*" en el que el físico danés cuenta las conversaciones que mantuvo con *Einstein* a lo largo de los años en torno al cariz que iba tomando la física atómica, en aquel momento en pleno proceso de desarrollo y consolidación.

Böhr y *Einstein* se encontraron por primera vez, en 1920, en Berlín y, a pesar de "sus desavenencias cuánticas" se estableció entre ellos una relación, tanto personal como científica, que duró toda la vida.

Niels Böhr y Albert Einstein "discutiendo" y dando un paseo

Einstein siempre se mostró reacio a renunciar a las ideas clásicas pues le atormentaba el rechazo al determinismo. Consideraba que todo estaba establecido, incluso a nivel atómico, y la mecánica cuántica se convirtió en una de sus obsesiones, como él mismo reconoció y de todos era sabido: *"He pensado cien veces más sobre los problemas cuánticos que sobre la teoría general de la relatividad"*.

Böhr consideraba a *Einstein* demasiado aferrado a las viejas ideas acerca de la causalidad y pensaba de él que carecía de imaginación. Con ocasión de una de estas "acusaciones" fue cuando *Einstein* se "defendió" alegando que *"Dios no juega a los dados"* y que resultaba absurdo suponer que los acontecimientos se producían de manera fortuita. Posiblemente irritado, *Böhr* le recordó que *"no era asunto de ellos dictaminar como Dios debía cuidar el mundo"*.

Böhr, en "Física atómica y conocimiento humano", escribe lo siguiente: *"Espero, sin embargo, haber logrado una impresión exacta de cuánto ha significado para mí el poderme beneficiar de la inspiración que todos obtenemos de cada contacto con Einstein"*.

Estos lazos de amistad y de discusión reflejan el avance experimentado durante el siglo XX por la ciencia en general, y la física y la química en particular, como fruto de una obra colectiva. Ello ha de recordarnos que los avances científicos, aun siendo el fruto del trabajo de un investigador o grupo de investigadores, surgen como continuación de los esfuerzos de aquellos que les precedieron y, a su vez, servirán de base para los que vendrán después.

Sagas familiares y personajes de ficción

Otro hecho llamativo de las Conferencias *Solvay* fueron las sagas familiares. La primera de ellas, la de los *de Broglie*. El duque *Maurice de Broglie*, que había abandonado la Armada para dedicarse en cuerpo y alma a la física, fue uno de los asistentes a las dos primeras conferencias. Parece ser que su hermano *Louis* se adentró en el mundo de los "cuantos" leyendo las actas de la primera de las conferencias, en casa de su hermano *Maurice*. *Louis de Broglie* asistiría, años después, a la de 1927.

Marcel Brillouin participó en las cuatro primeras conferencias de física y su hijo *Léon Nicolas* sería uno de los asiduos a partir de la tercera.

Algo parecido ocurrió con *William Henry Bragg*, que asistió a las primeras tanto de física como de química, y su hijo *William Lawrence Bragg*, con quien había compartido el Premio Nobel de Física en 1915, que asistió a la de 1927.

Claro que, hablando de sagas de científicos, la palma se la lleva la familia *Curie*. *Marie Curie* participó en todas las Conferencias de Física hasta el año 1933, un año antes de su fallecimiento. En la de ese año coincidió con su hija *Irène Joliot-Curie* y su yerno *Frédéric Joliot*.

Otro asiduo a las Conferencias, tanto a las de Física como a las de Química, fue el físico e ingeniero suizo *Auguste Antoine Piccard*. Aparte de sus aportaciones al mundo de la física, *Piccard* destacó como inventor y explorador. Adquirió cierta fama cuando en 1931 realizó junto a su esposa, que era fotógrafa, una ascensión a la estratosfera en una cápsula presurizada colgada de un globo. Llegó a alcanzar los 15.971 metros de altura pero, no contento con ello, repitió el experimento al año siguiente estableciendo un nuevo récord de 16.200 metros. Uno de los objetivos de esas ascensiones lo constituía el estudio de los rayos cósmicos.

Auguste Piccard en 1932

Y de las capas altas de la atmósfera a las profundidades marinas. En 1937, *Piccard* presentó el diseño de un batiscafo. Se trataba de un pequeño vehículo sumergible diseñado para resistir grandes presiones y destinado a explorar las profundidades del mar. Pero la primera inmersión, sin tripulantes y con piloto automático, hubo de esperar diez años. A esta primera siguieron otras muchas y sería el inicio de una saga familiar que continuaría con su hijo *Jacques Piccard*, el primero en alcanzar la máxima profundidad marina con uno de estos equipos, y su nieto *Bertrand Piccard* quien, junto a *Brian Jones*, fue el primero en circunvalar el globo terráqueo sin escalas con un aerostato en 1999.

Auguste Piccard era amigo de *Georges Prosper Remi*. Seguramente este nombre no nos diga gran cosa, pero seguro que adquiere otra dimensión al conocer que se trata de la persona que se esconde bajo el seudónimo de *Hergé*. Pues bien, el autor de "Las Aventuras de Tintín" se inspiró en su amigo *Piccard* para crear el personaje del Profesor Tornasol (*Tryphon Tournesol*, en francés) quien simboliza, de alguna manera, el estereotipo del científico excéntrico y distraído.

También la serie *Star Trek* se inspiró en *Auguste Piccard* y en su hermano gemelo *Jean Félix* para crear el personaje del capitán *Jean-Luc Picard*.

Profesor Tornasol (Hergé)

LA RADIOLOGÍA Y LA RADIOTERAPIA
EN EL PERIODO DE ENTREGUERRAS

Pocas veces en la historia de la humanidad un invento o un descubrimiento suscitó una expectación y un interés público tan notorio como el descubrimiento de los rayos X. Dejando a un lado las reacciones populares, el interés de la ciencia por los nuevos rayos se manifestó desde el mismo momento en que se dieron a conocer. Si se revisan las publicaciones científicas del año 1896 encontramos 49 monografías y 1044 artículos relacionados con los rayos X.

Dentro del campo de la física la mayoría de los artículos de ese año, y de los años sucesivos, tuvieron que ver con los estudios sobre la naturaleza de los nuevos rayos. Y por lo que respecta a la medicina, poco a poco, se fue comprobando su utilidad no sólo para descubrir fracturas y cuerpos extraños sino que se sentaron las bases para el diagnóstico torácico, la radiología gastrointestinal y urológica, la neuroradiología, la angiografía, la radiología ginecológica, la radiología dental y la radioterapia.

Toda vez que la mayor parte de las propiedades de los rayos X fueron descritas por *Roentgen* a los pocos meses de su descubrimiento, la gran aportación física, en los años anteriores a la Primera Guerra Mundial, fue el conocimiento de su naturaleza. Ello tuvo lugar en 1912, a partir de los estudios sobre difracción de rayos X realizados por *Max von Laue*. Sus trabajos proporcionaron evidencias sólidas que respaldaban la teoría de que los rayos X eran ondas de radiación electromagnética, similares a la luz. Obtendría, por ello, el Premio Nobel de Física en 1914.

Ya hemos comentado que durante los años que precedieron a la Primera Guerra Mundial se produjeron escasos avances relacionados con la técnica radiológica (tubo de *Coolidge*, *Bucky*, película radiográfica en sustitución de la placa de cristal, película intraoral). Sin embargo, al final de la guerra la organización de los sistemas radiológicos estaba perfectamente definida. Los cuatro años que duró el conflicto fueron los culpables de que una organización inexistente, en los años previos al comienzo de la guerra, estuviera perfectamente consolidada al final de la misma. Prueba de ello es que al finalizar la guerra se instalaron equipos de rayos en la mayor parte de los hospitales.

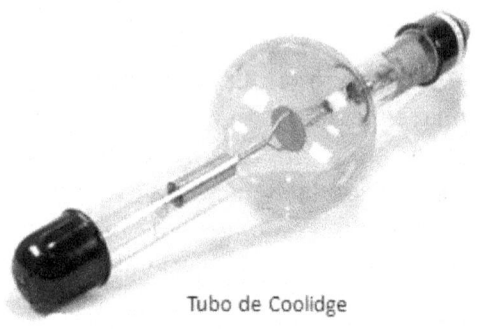

Tubo de Coolidge

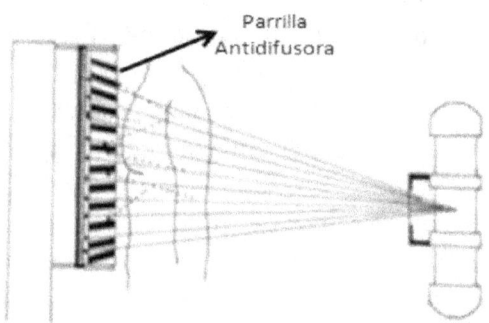

Esquema de una parrilla antidifusora o Bucky
En trazo discontinuo aparece la radiación dispersa

RADIOLOGÍA Y RADIOFÍSICA

Si los avances y descubrimientos que tuvieron lugar hasta 1918, en el campo de la técnica radiológica, "pueden contarse con los dedos de una mano" no podemos decir lo mismo de lo que aconteció desde esta fecha hasta el final de la Segunda Guerra Mundial, principalmente en el campo de la física de las radiaciones. Veámoslo cronológicamente.

Espectrómetro de masas

La espectrometría o espectrografía de masas es una técnica analítica por medio de la cual se pueden conocer los componentes de una sustancia en función de su masa.

En 1918, el físico estadounidense de origen canadiense *Arthur Jeffrey Dempster*, descubrió la existencia del isótopo 235 del uranio utilizando esta técnica de análisis en su laboratorio de la Universidad de Chicago. Se trató de un descubrimiento determinante en el desarrollo de las investigaciones relacionadas con la fisión nuclear, tanto para aplicaciones pacíficas (energía nuclear) como militares (bomba atómica).

Al año siguiente, en 1919, *Francis William Aston* retomó los estudios sobre isótopos radiactivos, en los que estaba trabajando cuando estalló la guerra, y lo hizo con la ayuda de un espectrógrafo de masas que él mismo inventó.

Este dispositivo permite analizar con una gran precisión la composición de una sustancia, como ya hemos comentado, separando los núcleos atómicos en función de la relación entre su masa y su carga. Puede, por tanto, utilizarse para determinar los diferentes elementos químicos que forman un compuesto o para identificar los distintos isótopos de diferentes elementos en un mismo compuesto.

Con la ayuda del espectrógrafo que diseñó, este físico inglés que años después sería nombrado presidente del Comité Atómico Internacional, logró identificar más de 200 de los 287 isótopos que existen en la naturaleza y fueron los responsables de que se le otorgara el Premio Nobel de Química en 1922.

Primera Asociación de Técnicos
A partir de 1910 comenzó a ser habitual que los médicos compraran máquinas de rayos X para sus propias consultas, hasta el punto de que algunos, incluso, se especializaron como radiólogos. El problema era que la mayor parte de las personas que operaban máquinas de rayos X no guardaban ninguna relación con la profesión médica. En el mejor de los casos, el manejo de estos equipos estaba en manos de fotógrafos profesionales pues no debemos olvidar que, en ese momento, la radiografía era considerada una forma de fotografía.

En un primer momento, por tanto, estos médicos no tuvieron más remedio que hacer funcionar los equipos ellos mismos. Sin embargo, los avances tanto en los equipos como en las técnicas radiológicas superaron rápidamente la capacidad de los médicos para mantenerse al día y, poco a poco, se dieron cuenta de que una parte importante de su tiempo estaba siendo consumido por la mecánica de la máquina de rayos X en detrimento de su dedicación al tratamiento del paciente.

Fue así como, poco a poco, los médicos adquirieron conciencia de que, para optimizar el rendimiento de sus equipos de rayos, alguien distinto a ellos se tenía que ocupar de realizar los exámenes de rayos X y el procesado de las películas radiográficas. A menudo, esta labor recaía en empleados de la consulta, recepcionistas o secretarias, que carecían de conocimientos sobre anatomía o patología. Simplemente operaban el equipo.

En los hospitales el problema era menor pues se disponía de enfermeras y fue, a ellas, a las que "pusieron a trabajar" como técnicos de rayos X, ya que al menos tenían formación médico-sanitaria.

Fuera en consultas privadas o en hospitales, la labor de estas personas, la mayoría mujeres, no sólo consistía en operar los equipos de rayos X sino que también realizaban el mantenimiento rutinario de las máquinas. Y, además, lo hacían sin una adecuada protección contra la radiación por lo que el número de lesiones y muertes entre ellas era elevado.

Como los manuales o protocolos constituían una rareza, los primeros técnicos aprendieron las técnicas de exposición y posicionamiento de manera intuitiva. A pesar de ello, han quedado testimonios de imágenes radiográficas notables.

Si el primer problema era conseguir imágenes de calidad, el siguiente problema lo constituía explicar los éxitos y/o transmitir a otros la forma de conseguirlos.

1920 pasará a la historia de la radiología como el año en el que se fundó la primera asociación de técnicos en radiología. Nació *"con el fin de proporcionar a los técnicos una oportunidad para el intercambio de pensamientos e ideas relacionados con la técnica radiológica"*.

Tuvo lugar en Chicago y los "culpables" fueron catorce expertos en técnicas de radiología médica, la mitad de ellos mujeres. Fue llamada *American Association Radiological Technicians (AART)* hasta 1932 en que cambió el nombre por el de *American Society of X-Ray Technicians (ASXT)*.

Posteriormente, en 1964, la asociación volvería a cambiar su nombre por el actual: *American Society of Radiologic Technologists (ASRT)*.

La causa no fue otra que adaptar el nombre a la realidad de la asociación dado que, cada vez, eran más los miembros de la misma que eran técnicos de medicina nuclear o de radioterapia y entendieron que el término "técnico de rayos X" no reflejaba con precisión el nombre de la organización.

En 1932, el número de adscritos era de 400. Este número se mantuvo durante la Depresión pero aumentó tras la Segunda Guerra Mundial, hasta alcanzar los 2500 en 1948 y los más de 4000 en 1952. Actualmente la *ASRT* cuenta con más de 153.000 miembros y su sede central se encuentra en Alburquerque (Nuevo México).

Precisamente, a principios de los años cincuenta la *ASTR* hizo su primera propuesta educativa para establecer planes de estudios estándares para la profesión. Hasta ese momento, los programas de formación variaban mucho en cuanto a su duración y a los temas tratados.

El primer plan de estudios lo presentaría en 1952. Se trataba de un curso de un año de tecnología de rayos X en el que se indicaban el número de horas que debían dedicarse a cada tema, desde física y anatomía hasta posicionamiento y técnicas de cuarto oscuro. En los años siguientes, la asociación presentaría nuevos planes de estudio siempre intentando adaptar los conocimientos de los técnicos a las necesidades para las que se les demandaba.

Uno de los fundadores de la *American Association Radiological Technicians* (*AART*), y su primer presidente, ha pasado con todo merecimiento a formar parte de la historia de la radiología. No es otro que *Eddy Clifford Jerman.*

Jerman había nacido en 1865 en Indiana. Casi como un juego de niños, comenzó a interesarse por las baterías que alimentaban el equipo médico de su padre y, de esta manera, surgió su vocación médica. Lamentablemente, problemas de salud, el último curso, le impidieron terminar sus estudios.

Pero no perdió la vinculación con el mundo de la medicina pues, muy pronto, comenzó a trabajar en una empresa en Cincinnati que se dedicaba al suministro de dispositivos médicos. Llegó a ser el encargado de la tienda pero, no satisfecho con ello, llegó a crear su propia empresa, la *Jerman Electric Company*.

Muy pronto, su empresa fabricó un equipo denominado "máquina estática *Jerman*" con el que se podían obtener rayos X. Con este aparato y un tiempo de exposición de 30 minutos realizó una radiografía de su propia mano, algo que no resulta en absoluto extraño si tenemos en cuenta que, en los primeros tiempos de la radiología, fue este "apéndice" el más utilizado para realizar "pruebas experimentales".

En los años siguientes, *Jerman* se dedicó a intentar mejorar la técnica radiográfica centrándose en detalles como la exposición requerida y el posicionamiento del paciente.

Pensaba que los rayos X se habían utilizado demasiado con fines de entretenimiento y que se había puesto muy poco cuidado en mejorar las técnicas clínicas. Llegó a escribir que *"el eslabón más débil de la cadena es la técnica y, siendo así, la cadena no puede ser más fuerte que su eslabón más débil"*.

Coherente con este planteamiento, en 1916, comenzó a ofrecer cursos de técnica radiológica a profesionales que se iban a dedicar a operar equipos de radiología. La duración de dichos cursos oscilaba entre 5 y 7 días.

Eddy Clifford Jerman e imagen corporativa
de la actual ASRT

En EEUU se creó un registro de técnicos en radiología y *Jerman* fue el encargado de examinar a los 1000 primeros candidatos que aspiraron a conseguir la acreditación para figurar en el mismo.

De la importancia que él confería a la labor formativa nos pueden dar idea estas palabras entresacadas de su libro *"Modern X Ray Technic"* publicado en 1928: *"El técnico que realiza su trabajo utilizando la "intuición" nunca podrá competir con garantías con el técnico que domina los fundamentos físicos. Este último estará capacitado para realizar cualquier procedimiento y plasmarlo de manera adecuada en la película radiográfica"*.

En los años anteriores a su muerte, acontecida en 1936, *Jerman* se interesó por la aplicación de los rayos X en campos como la Botánica, la Zoología y la Paleontología.

Adiós a las placas de cristal

Durante la Primera Guerra Mundial se comenzaron a sustituir las pesadas placas de cristal por películas radiográficas. En esencia, el cambio consistió en sustituir la base de cristal por una base de nitrato de celulosa sobre la cual se depositaba la emulsión fotográfica. El proceso de creación de las películas era completamente manual y además eran elaboradas por los propios operadores de los equipos, pues no se fabricaban.

En 1918, finalizada la contienda, aparecieron en el mercado las primeras películas de doble emulsión elaboradas manualmente, pero sería en 1920 cuando la *Eastman Kodak Company*, sucesora de la *Eastman Dry Plate*, pusiera en el mercado el primer paquete de películas fabricadas mecánicamente y, años más tarde, en 1925 cuando esta misma empresa distribuyera las primeras películas de doble emulsión.

George Eastman y el logo de su famosa empresa

Si bien es cierto que, en esos años, *Kodak* dominaba el mercado de las películas radiográficas también lo es que tuvo serios competidores. En Francia, por ejemplo, fueron muy utilizadas, en los años treinta, las películas rápidas de emulsión por las dos caras fabricadas en Vincennes por la empresa *Film Pathé*. Algo similar ocurrió en Alemania con las películas *Agfa-Röntgen* fabricadas en Berlín por I.G. Industrias Farben Sociedad Anónima.

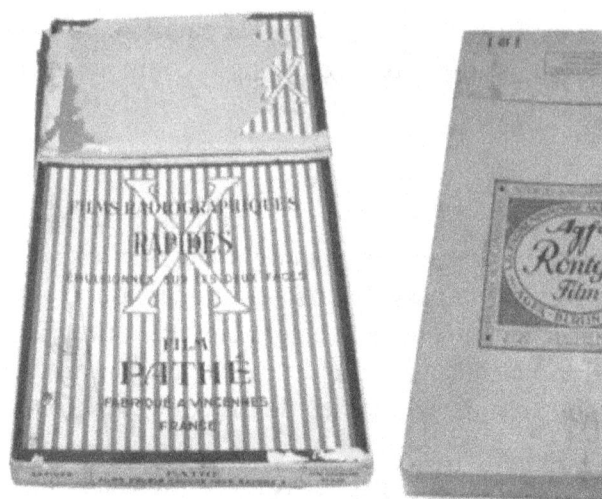

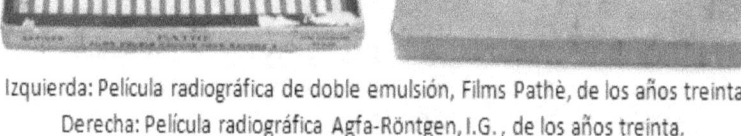

Izquierda: Película radiográfica de doble emulsión, Films Pathè, de los años treinta
Derecha: Película radiográfica Agfa-Röntgen, I.G., de los años treinta.

Hablar de la *Eastman Kodak Company* o, simplemente, de *Kodak* es hacerlo de una institución dentro del mundo de la fotografía y, por ello, de la radiografía. Como todo el mundo conoce se trata de una multinacional dedicada al diseño, producción y comercialización de equipamiento fotográfico. Lo que, seguramente, no todos saben es que cuando, en 1895, los rayos X fueron descubiertos la empresa llevaba ya ocho años fabricando películas de cristal para fotografía así como cámaras fotográficas.

La *Eastman Dry Company* que, como hemos comentado, pasaría después a llamarse *Eastman Kodak Company* fue fundada en 1888 por *George Eastman*. A él debemos agradecer el haber inventado el rollo de película, que sustituyó a las viejas placas de cristal.

Ni que decir tiene el efecto que esto produjo a nivel social al poner la fotografía a disposición de las masas. Pero tendría también un impacto decisivo años después en el desarrollo de la, incipiente, industria cinematográfica y, por supuesto, de la radiología.

Fue precisamente en el año 1888, durante la promoción del rollo de película de papel y de la cámara *Kodak 100 Vista*, cuando se hizo famoso un eslogan que ha acompañado siempre a la marca: *"You press the button, we do the rest"* ("Usted pulse el botón, nosotros hacemos el resto").

Otra frase por la que se recuerda a *George Eastman*, aunque ésta no tan conocida, es la que utilizó para despedirse de este mundo. Padecía una enfermedad degenerativa que le impedía caminar y, seguramente, ello fue la causa de que decidiera quitarse la vida. Dejó la siguiente nota: *"To my friends: my work is done. Why wait?"* ("A mis amigos: mi trabajo está hecho. ¿Por qué esperar?").

Tras más de 100 años dominando el mercado de los productos fotográficos y radiográficos, en septiembre de 2012 *Eastman Kodak* entró en concurso de acreedores y, contrariamente a lo que algunos piensan, la empresa sigue viva, eso sí, tras un duro proceso de renovación y reestructuración.

Primer equipo dual radiografías-fluoroscopia y primeras procesadoras automáticas

A lo largo de la década de los años 20 se produjo un importante avance de las técnicas radiológicas, todo ello de la mano del aumento de potencia que fueron experimentando los equipos estáticos.

El aumento de potencia sería, también, el responsable del desarrollo que experimentaron los equipos portátiles aunque los aparatos de una potencia importante tendrían que esperar hasta la década siguiente.

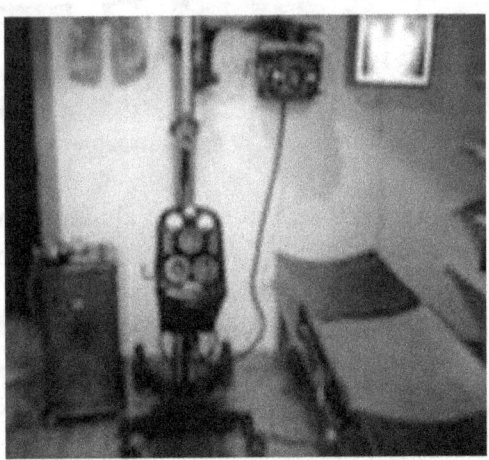

Aparato portátil de finales de los años 30

Hasta este momento los equipos que existían en el mercado estaban diseñados para realizar radiografías o para realizar estudios dinámicos con la ayuda de pantallas fluoroscópicas. Por ello, no es de extrañar la acogedora bienvenida que en 1926 recibió el primer equipo dual que permitía realizar tanto radiografías como fluoroscopia. Fue, sin duda, una de las más importantes aportaciones tecnológicas realizadas por la industria radiológica en esa década.

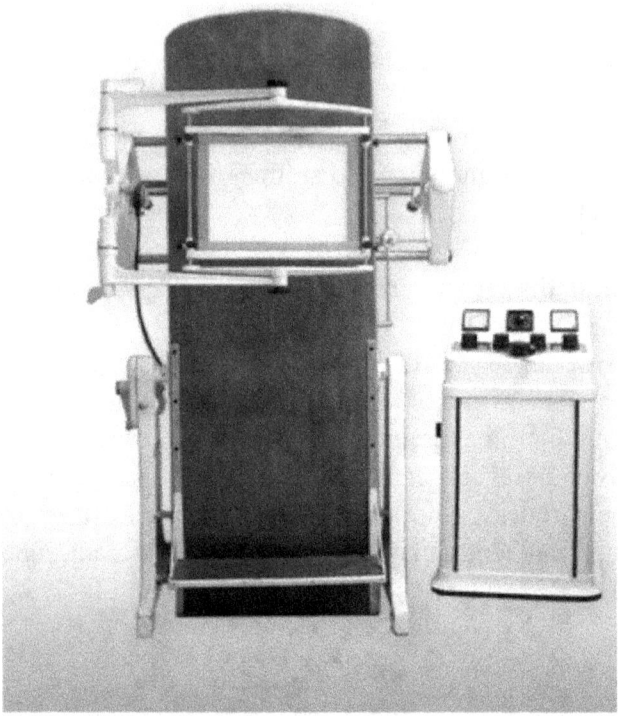

Equipo dual para radiografías y fluoroscopia años 50

A mediados de los años 20 se produjeron algunos tímidos avances en materia de radioprotección con la aparición de los primeros dosímetros personales y unos rudimentarios dispositivos, los roentgenómetros, que medían la radiación emitida por los equipos.

En 1928 vieron la luz las primeras procesadoras automáticas. Esto supuso un incremento de la eficacia de los Servicios de Radiología a la vez que contribuyó a erradicar el error humano durante el procesado de las películas. Piénsese que el procesado manual requería una hora para tener disponible una radiografía mientras que, ya, las primeras máquinas automáticas rebajaban este tiempo a unos pocos minutos. Si se tiene en cuenta que los productos químicos que se utilizaban en el procesado manual y en el automático eran básicamente los mismos, la reducción considerable de tiempo en el procesado automático se conseguía trabajando con concentraciones químicas más altas y a temperaturas, también, más altas.

Vista superior de una procesadora automática en la
que se observan los rodillos de los compartimentos

Mayoría de edad de la protección radiológica

1928 fue, además, un año histórico desde el punto de vista de la protección radiológica. Nació la *ICRP* y el *Roentgen* fue adoptado como unidad de dosis de exposición.

A los pocos meses del descubrimiento de los rayos X ya existían evidencias de los daños que éstos podían causar.

Las quemaduras, los eritemas y las descamaciones de la piel se hicieron, pronto, patentes en muchas de las personas que manipularon los primeros equipos de rayos X. Hechos perfectamente entendibles desde la óptica y el conocimiento actuales teniendo en cuenta los elevados tiempos de exposición con los que trabajaban aquellos equipos.

Curiosamente, "estas primeras víctimas" de los rayos X no consideraban a éstos los causantes de sus lesiones. Lo achacaban a fallos del equipamiento o a diversos factores relacionados con los rayos X, como los rayos catódicos o las cargas eléctricas, por citar un par de ejemplos.

No es de extrañar, por tanto, que la radiactividad natural, que fue descubierta en 1896 por *Becquerel*, tampoco fuera considerada peligrosa por aquellos que la investigaron durante los primeros tiempos.

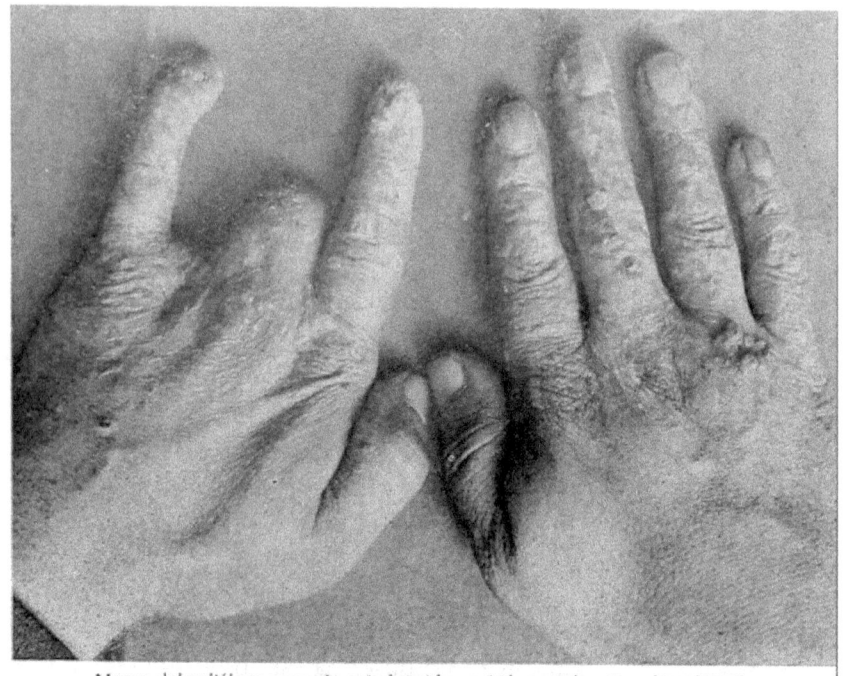

Manos del radiólogo armenio-estadounidense Mihran Krikor Kassabian (1909)

No obstante, en 1897, el 12º Congreso Internacional de Medicina celebrado en Moscú, a partir de un informe presentado por varios médicos franceses, recomendó trabajar con mucha prudencia aunque, curiosamente, se señaló que el número de accidentes por rayos X era menor que el causado por el cloroformo.

Hoy sabemos, a partir de un estudio publicado en la revista *Radiology* realizado en 2011 y dirigido por *Gerrit J. Kemerink* del Centro Médico de la Universidad de Maastricht, que la dosis de exposición necesaria para visualizar la mano de *Anna Bertha Roentgen* fue cerca de 1500 veces mayor, con el equipo utilizado, que la dosis que se requeriría con un equipo de los existentes en la actualidad para realizar una radiografía de las mismas características.

Pero el problema no lo representaba exclusivamente el hecho de trabajar con tiempos de exposición muy elevados, responsables directos de las altas dosis de radiación a las que se exponían pacientes y operadores, sino que a ello había que añadir la casi inexistente cultura de la protección radiológica. Baste como ejemplo que la generalización del uso de los delantales plomados no se produjo hasta los años treinta.

Con todos estos "ingredientes" no es de extrañar que la lista de afectados, tanto por los rayos X como por la radiactividad, no parara de crecer y que, con ello, creciera también la preocupación entre todos aquellos que trabajaban con estas radiaciones.

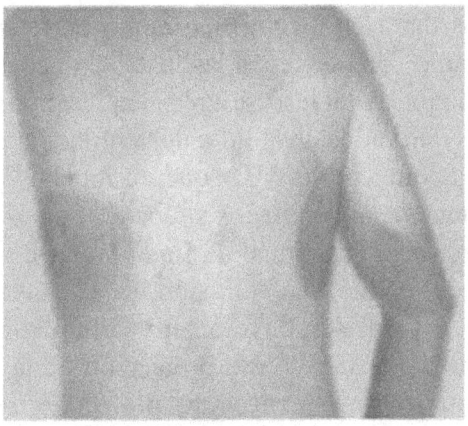

Quemaduras producidas por fluoroscopia médica

En 1907 ocurrió un hecho de gran relevancia para el futuro de la radioprotección. Tuvo lugar en un encuentro de la *American Roentgen Ray Society*. Durante el mismo, *Rome Vernon Wagner*, un fabricante de tubos de rayos X, presentó un informe en el cual explicaba como controlaba el nivel de exposición de sus trabajadores. Para ello, los empleados de la fábrica llevaban una placa fotográfica en el bolsillo que era revelada cada tarde para, de esta manera, determinar si habían estado expuestos a las radiaciones. Puede que el mismo *Wagner* fuera una víctima de la radiación pues, desgraciadamente, falleció a consecuencia de un carcinoma seis meses después de haber presentado este informe.

Habría que considerar a esta práctica la precursora del dosímetro de película y, de hecho, a mediados de la década de los 20 se recomendó la utilización de estos dispositivos con unos filtros, para corregir la exposición, en función del tipo de energía que la producía. En la década siguiente, años 30, las cámaras de ionización se utilizaban con regularidad en la mayor parte de los hospitales y se fabricaban y comercializaban dosímetros de película personales.

En 1921, se creó el *British X Ray and Radium Protection Committee* con el objetivo de investigar el peligro proveniente de tres fuentes principales: la exposición a las radiaciones, los riesgos derivados del uso de altos voltajes, y la exposición a los gases tóxicos debidos a las descargas eléctricas.

Dentro de él se crearon varias secciones. Una estaba dedicada a los rayos X, utilizados tanto en diagnóstico como en terapia. Otra a los tratamientos con radio. Una tercera a las instalaciones eléctricas de los servicios de radiología. E incluso se creó una sección dedicada a investigar los riesgos derivados de la falta de ventilación de los servicios de radiología, pues conviene recordar que en muchos casos, éstos, se encontraban en sótanos mal ventilados y, por ello, poco saludables.

El Primer Congreso Internacional de Radiología se celebró en Londres en 1925. En él se creó una comisión, de la que formaban parte representantes de varios países, cuyo objetivo era realizar una serie de recomendaciones relacionadas con la protección de la salud. Concretamente, protección contra los rayos X, protección contra el radio, instalaciones eléctricas, iluminación y ventilación de los locales y protección contra los neutrones. Además, se acordó revisar las normas en los siguientes congresos, cuya periodicidad se fijó cada tres años.

Se dictaron algunas normas de radioprotección entre las que cabía destacar la limitación de horarios de trabajo y las vacaciones adicionales, por insalubridad, para todos los que realizaran su labor con radiaciones ionizantes.

Fue en el Segundo Congreso Internacional de Radiología, celebrado en Estocolmo en 1928, donde se tomó conciencia de que existía un serio problema y que no se podía mirar hacia otro lado. La forma de abordarlo vino en forma de recomendación. El congreso emplazó a crear un organismo, de carácter internacional, que abordara el estudio de los riesgos derivados de la utilización de estas radiaciones y que, en base a ellos, dictara las normas que permitieran proteger a los usuarios de estos tipos de radiación, y emplazara a los gobiernos a vigilar su cumplimiento.

Nacía de esta manera la *International Commission on Radiological Protection* (Comisión Internacional de Protección Radiológica) y comenzaba una nueva era en el campo de la protección contra las radiaciones ionizantes.

En realidad, la organización creada en 1928 recibió el nombre de "Comité Internacional de Protección ante los Rayos X y el Radio" y sería en 1950 cuando cambiara dicho nombre por su actual denominación.

La Comisión Internacional de Protección Radiológica, *ICRP*, tiene su sede central en el Reino Unido y su secretaría científica en Suecia.

Se define a si misma como "una asociación científica sin ánimo de lucro e independiente" cuya labor principal es fomentar el progreso de la ciencia de la protección radiológica para beneficio público. Esta labor es llevada a cabo con la edición periódica de documentos científicos, en forma de guías o recomendaciones, sobre cualquier aspecto relacionado con la protección contra las radiaciones ionizantes.

Las recomendaciones de la *ICRP*, modificables a la luz de los conocimientos de los que se dispone en cada momento, son frecuentemente usadas por los distintos países para establecer sus propias legislaciones.

Portada de una publicación de la ICRP

En el año 1977, hace ahora cuatro décadas, la *ICRP* hizo pública su recomendación número 26 en la que se establecía un sistema de protección radiológica basado en tres principios básicos: justificación, optimización y limitación de dosis.

El objetivo principal de este sistema es garantizar que no se adopte ninguna práctica radiológica a menos que su realización conlleve un beneficio neto y positivo, que todas las exposiciones se mantengan en límites tan bajos como sea razonablemente posible y que las dosis recibidas por los individuos no excedan ciertos límites establecidos de antemano.

Otro de los hechos relevantes en materia de radioprotección, durante los años de entreguerras, tuvo lugar en 1934 cuando *Mutscheller*, un físico germano-americano, concluyó que las diferentes radiaciones producían efectos biológicos diferentes y estableció una dosis de tolerancia de 3,4 roentgen/mes para radiaciones de baja energía, y de 7,5 roentgen/mes para rayos más penetrantes, modificando la dosis de tolerancia única que había establecido en 1925.

El concepto de dosis de tolerancia llevaba implícito que existía un umbral por debajo del cual no debían producirse lesiones a causa de la radiación.

Curiosamente, este concepto siguió siendo utilizado a pesar de que el biólogo y genetista estadounidense *Hermann J. Muller*, Premio Nobel de Medicina o Fisiología en 1946, había demostrado en 1927 que no existía una dosis umbral para las mutaciones genéticas inducidas por los rayos X.

Del nitrato de celulosa al acetato de celulosa

Avanzando en el calendario de entreguerras, llegamos a 1929. Si en lo económico fue el año que marcó la depresión de los años siguientes, en "lo radiológico" tenemos que hacer referencia a dos acontecimientos que tuvieron lugar en él y que representaron importantes avances en la industria radiológica y en la radiología médica. En concreto, la sustitución del nitrato de celulosa por acetato de celulosa y la introducción de los medios de contraste iodados de núcleo de piridina.

Hasta ese momento la base de las películas usadas en radiología estaba constituida por nitrato de celulosa, material del que se conocía que era altamente inflamable. Baste recordar que es el explosivo que utiliza *Julio Verne* en su libro *"De la Tierra a la Luna"* para impulsar la bala que transporta a los protagonistas en su viaje y que en otro de sus libros, *"La isla misteriosa"*, describe como fabricarlo con el fin de ahorrar pólvora.

De hecho, en la actualidad se utiliza en la fabricación de explosivos y propulsores para cohetes.

Bien. Seguramente, la causa de que fuera sustituido por acetato de celulosa fue el incendio que se produjo en la *Cleveland Clinic*, en Cleveland (Ohio), el 15 de mayo de 1929. Las películas de rayos X de nitrato de celulosa, pertenecientes a pacientes ambulatorios y que estaban almacenadas en el sótano del edificio, se incendiaron. Una potente explosión produjo una nube de gases tóxicos de nitrógeno y carbono que se propagó por todo el edificio. Murieron 123 personas, entre ellas el *Doctor Phillips* fundador de la clínica. Además, el departamento de radiología quedó completamente arrasado.

Izquierda: edificio original de la Cleveland Clinic. Derecha: la Cleveland Clinic en la actualidad.

La investigación realizada no fue capaz de determinar la causa del incendio. Pudo deberse a una combustión espontánea producida por el calor, a un cigarrillo sin apagar o a un cortocircuito próximo al lugar donde se apilaban las películas.

Lo que si puso de manifiesto el incendio fue que el nitrato de celulosa no sólo era muy inflamable sino que, también, era altamente tóxico.

Los primeros acetatos que se utilizaron como soportes de película, tanto en cinematografía como en radiografía, fueron diacetatos de celulosa. Posteriormente, a lo largo de los años treinta y cuarenta, los soportes de triacetato sustituirían a su vez a los de diacetato.

Los acetatos de celulosa se distribuyeron bajo la denominación genérica de "películas de seguridad", nombre que sólo se justificaba en que ardían con dificultad, puesto que las condiciones necesarias para su conservación resultaban ciertamente exigentes. De hecho, la exposición al calor o a la humedad deterioraba la base de la película, hasta el punto de volverse inservible, y liberaba ácido acético, con su característico olor a vinagre.

Primeros contrastes iodados derivados de la piridina

A pesar de las mejoras técnicas que, desde el primer momento, se fueron introduciendo en los equipos pronto quedó de manifiesto la dificultad para poder diferenciar órganos y tejidos vecinos que presentaran una densidad radiológica similar. Generalmente, se obtenía una buena diferenciación entre el aire, las partes blandas y el hueso, pero no había forma de distinguir gran parte de los órganos internos.

Se imponía el reto de conseguir variar la densidad radiológica de distintas estructuras para lograr un diagnóstico más fiable y se comenzó probando con una serie de sustancias que tenían una característica común, la opacidad a los rayos X.

Y es en ese momento en el que podemos situar el nacimiento de los primeros agentes de contraste.

Recordemos que, un agente de contraste es una sustancia o combinación de sustancias que, introducidas en el organismo por cualquier vía, permiten resaltar y opacificar estructuras anatómicas normales, como órganos y vasos, o patológicas, como tumores. Desde este punto de vista, el medio de contraste ideal será aquel que logre la mejor diferenciación entre tejidos con el menor riesgo de efectos adversos.

La opacidad de una sustancia es mayor cuanto mayor es el número atómico de los elementos que la constituyen. Por ello, elementos químicos como el plomo, el mercurio o el torio serían buenos agentes de contraste pero la toxicidad de los dos primeros y el hecho de ser radiactivo, el tercero, los imposibilitan como contrastes.

No cabe duda de que la relación de los contrastes, utilizados durante los primeros años, resulta de lo más variopinta: *Beher*, en 1896, visualizaba el tracto digestivo haciendo ingerir a los pacientes botones de nácar con la comida. No resultaba muy eficaz, pero era inocuo y, además, los botones podían recuperarse. Ese mismo año, comenzaron a utilizarse las sales de bismuto y bario para visualizar el aparato digestivo y la vejiga urinaria y la llamada "pasta de *Teichman*", mezcla de cal, cinabrio y vaselina líquida, para visualizar los vasos en una mano amputada. En 1903, *Wittec* utilizó aire para intentar detectar cálculos en la vejiga. *Fritz Voelquer* y *Alexander von Lichtenberg* utilizaron una preparación de plata coloidal para la visualización de los uréteres por vía retrógrada. En 1910 se realizaron las primeras histero-salpingografías introduciendo sales de yodo y los primeros estudios gastrointestinales utilizando sulfato de bario.

En el año 1918 se utilizó aire para realizar las primeras ventriculografías y broncografías y sales de bismuto para la colangiografía. Un año después, en Argentina, *Heuser* realizó experiencias con ioduro potásico para estudiar el aparato urinario. Y este mismo año se demostró que el ioduro se eliminaba por la orina y ésta era la causa de que pudiera visualizarse el aparato urinario.

En 1923 le tocaría el turno al lipiodol. Fue ampliamente utilizado para cistografía, ureteropielografía, salpingografía, aparato respiratorio por inyección transglótica o subglótica y para visualizar el canal raquídeo mediante la mielografía

Fue en 1929, como comentamos en el apartado anterior, cuando tuvo lugar la aparición de los contrastes iodados derivados de la piridina. Vinieron a sustituir a los contrastes de ioduro de cesio y ello significó un avance importante, ya que suponía reducir la toxicidad del contraste.

Sus introductores fueron *Moses Swick*, el selectan, y *Alexander von Lichtenberg*, el uroselectan. Utilizaron estos contrastes para realizar urografías y fueron presentados en sociedad en el IX Congreso Alemán de Urología que tuvo lugar el citado año, 1929.

Posteriormente, en 1933, *Swick* y *Wallingford* dieron otro paso importante que supuso una nueva disminución de la toxicidad de los contrastes. Fue la introducción de un anillo de benceno como molécula portadora del átomo de iodo.

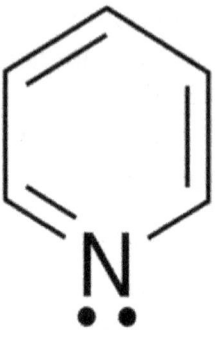

Núcleo de Piridina

El siguiente paso, ya en los años 50, consistiría en introducir un segundo átomo de iodo en esta molécula lo que aumentó sensiblemente la radiopacidad del contraste a la par que disminuyó su toxicidad.

Ciclotrón

En el año 1929, *Ernest Orlando Lawrence* estaba contratado como profesor asociado de física en la Universidad de California. Cuentan sus biógrafos que estando una tarde en la biblioteca quedó intrigado por el diagrama de un acelerador de partículas. Estuvo dando vueltas a la idea de cómo hacerlo más compacto y se le ocurrió construir una cámara de aceleración circular entre los polos de un electroimán.

Parece ser que fue en 1931, tras numerosas pruebas, cuando tuvo a punto lo que denominó "ciclotrón", un acelerador que conseguía la aceleración de las partículas, hasta alcanzar elevadas velocidades, sin utilizar altos voltajes.

Se trata de un acelerador de partículas cargadas que combina la acción de un campo eléctrico alterno, que les proporciona sucesivos impulsos, con un campo magnético uniforme que curva su trayectoria y las dirige una y otra vez hacia el campo eléctrico. Está constituido por dos cámaras metálicas huecas con forma de semicírculo (Des) contenidas en una cámara de vacío para que las partículas que viajan por ellas no sean dispersadas en choques con moléculas de los gases que forman el aire. Sobre las "Des" actúa un campo magnético uniforme y perpendicular, generado por un potente electroimán, y entre ambas se aplica un campo eléctrico alterno, para que la fuerza eléctrica siempre actúe en el sentido del movimiento de las partículas. Desde una fuente de iones, situada cerca del centro del campo magnético, las partículas cargadas se inyectan al ciclotrón inicialmente a una velocidad moderada. La fuerza magnética les proporciona una aceleración normal y, por lo tanto, tienen un movimiento circular por una de las "Des". Al salir de ahí, se les aplica el campo eléctrico que las acelera y las lleva a la otra mitad del ciclotrón a una velocidad superior. A esa velocidad recorren otra semicircunferencia de radio mayor que la primera y vuelven a acceder a la zona entre las "Des", donde se les aplica de nuevo el campo eléctrico, ahora en sentido contrario al anterior, que las vuelve a acelerar. El proceso se repite una y otra vez hasta que las partículas salen finalmente del ciclotrón a una velocidad muy elevada, tras haber realizado en el interior del mismo del orden de 50 a 100 revoluciones.

A partir del modelo de 1931, *Lawrence*, construyó toda una serie de ciclotrones cada vez más grandes y costosos que se utilizaron tanto en investigaciones físicas, en las que se consiguieron numerosas transmutaciones de elementos, como en investigaciones de radioisótopos de uso médico en radioterapia.

En la actualidad, los ciclotrones se usan para la producción de isótopos radiactivos que, posteriormente, serán utilizados por equipos médicos sofisticados en el diagnóstico médico (PET) o en radioterapia.

Generador de Van de Graaff

El primer generador de *Van de Graaff* (*Robert J. Van de Graaff*, físico estadounidense) también fue desarrollado en 1929, aunque fue en 1931 y 1933 cuando diseñó sus equipos más conocidos.

El sistema se basaba en fenómenos de electrización por contacto. Se trataba de una máquina electrostática que utilizaba una cinta móvil aislante en la cual se transportaban elevadas cantidades de carga eléctrica, generadas por contacto, hacia la parte superior de la máquina donde se encontraba una esfera metálica hueca que actuaba como terminal. Las diferencias de potencial que se podían alcanzar de esta manera eran elevadísimas.

Era una máquina simple, económica y portátil, según sus propias palabras. Además, un enchufe normal proporcionaba la energía necesaria.

En 1931, *Van de Graaff* consiguió alcanzar 1,5 millones de voltios. Con un nuevo generador que desarrolló en 1937 alcanzó los 5 millones. Los equipos fueron desarrollados en el *MIT* (*Massachusetts Institute of Technology*).

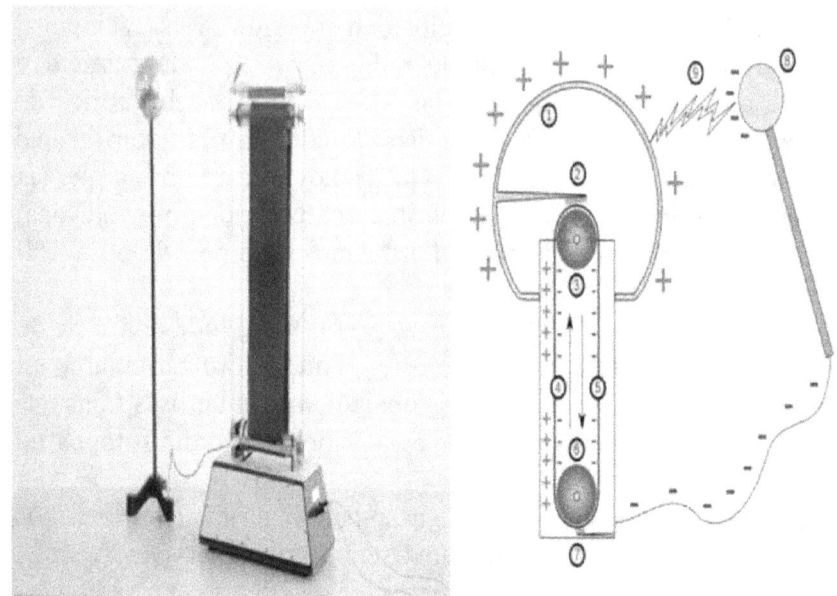

Generador de Van de Graaff y esquema de su funcionamiento

Van de Graaff utilizó estas máquinas como aceleradoras de partículas. En la actualidad, con una potencia superior, se emplean en diferentes aplicaciones, entre las que cabe destacar la producción de rayos X, la esterilización de alimentos y, por supuesto, todo tipo de experimentaciones en física nuclear y física de partículas.

Si uno visita el Museo de Ciencias de Boston puede asistir a las demostraciones que se realizan con uno de los generadores *Van de Graaff* más grandes del mundo. Fue construido por el mismo *Robert J. Van de Graaff* y puede alcanzar los dos millones de voltios.

Además, muchos museos de ciencia tienen reproducciones a pequeña escala con los que realizan exhibiciones en las cuales aprovechan sus cualidades de generación estática para "crear relámpagos" o "hacer que el cabello de la gente se erice".

Planigrafía/Estratigrafía/Tomografía

Una imagen radiográfica es la suma de las proyecciones de todos los objetos situados entre el tubo de rayos X y la película o el detector. Se trata, por tanto, de la proyección bidimensional de una estructura tridimensional.

El ingeniero inglés *Elihu Thomson* escribió en 1896 que "*las radiografías normales mostraban sombras simples en un único plano y que era difícil determinar si un objeto o parte de él se encontraba por encima o por debajo del plano*". Ese mismo año, diseñó el primer método estereoscópico y el 11 de marzo publicó un artículo en *The Electrical Engineer* titulado "*Stereoscopic Röntgen pictures*".

Sin embargo, el método más preciso para separar "sombras superpuestas" se encontró en lo que se denominaría, años después, "tomografía". Con ella se obtenían imágenes de una capa de tejido, en forma de una sección aislada, excluyendo de la imagen las estructuras que están por encima y que se encuentran fuera de esta sección o corte.

Para conseguir la tomografía en un sistema mecánico, dos de los tres elementos (tubo, paciente y película) han de moverse de manera sincrónica durante la exposición. El método más popular, y que más pervivió en el tiempo, fue aquel en el que se movían de manera sincrónica el tubo de rayos X y la película, en direcciones opuestas, mientras el paciente permanecía inmóvil durante la exposición a los rayos X. Este movimiento podía ser lineal, circular, elíptico o helicoidal.

Con estas premisas, habría que considerar al médico parisino *André Bocage* el inventor de la tomografía. Él fue el primero, en 1921, en enunciar los principios básicos y describir un dispositivo para mover el tubo de rayos X y la placa radiográfica en forma recíproca y proporcional. Sin embargo no logró que su equipo se distribuyera de forma comercial.

El genovés *Allesandro Vallebona* fue el primero en llevar la teoría a la práctica, al obtener en 1930 la primera imagen radiotomográfica. Su método se denominó "estratigrafía". Curiosamente, *Vallebona*, describió dos técnicas: en la primera, el sistema tubo-película permanecía inmóvil y el paciente giraba alrededor de un eje situado al nivel en el que se deseaba obtener la imagen mientras que, en la segunda, el sujeto permanecía inmóvil y el sistema tubo-película giraba en torno a un eje situado al nivel de los cortes.

El holandés *Bernard George Ziedses des Plantes* fue la segunda persona en presentar un modelo de tomografía viable y, según todos los indicios, parece que lo llevó a cabo sin tener conocimiento previo de las investigaciones que se venían desarrollando en este mismo campo.

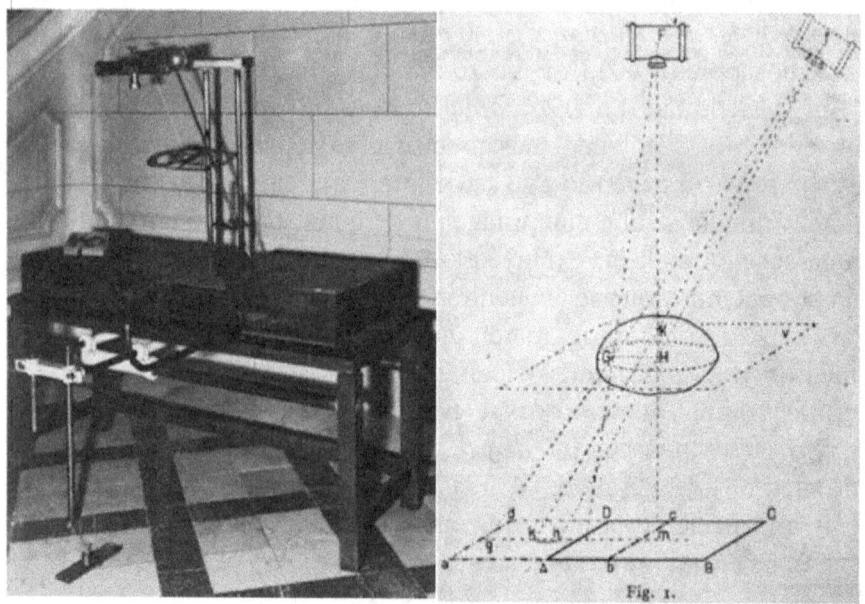

Prototipo de Ziedses des Plantes (izda) y Esquema de los principios de la Planigrafía (dcha)

Tras estudiar ingeniería eléctrica, *Ziedses des Plantes*, se matriculó en Medicina en la Universidad de Utrecht graduándose en 1928. Aunque se especializó en neurología y psiquiatría siempre estuvo muy interesado por la imagen radiológica.

La idea de la tomografía se le ocurrió durante su primer año de carrera, por analogía con los cortes histológicos que observaba en el microscopio. Sin embargo, cuando su profesor de Radiología le dijo que el método no tenía aplicación práctica, abandonó su idea de desarrollarlo.

Años después (1934) en su tesis doctoral describiría, con todo lujo de detalles, su principio tomográfico, al que denominó "planigrafía".

En ella sugería que con el simple movimiento lineal no se conseguía una tomografía satisfactoria y que, para lograrlo, se requería tanto el movimiento pluridireccional como el helicoidal. Resaltar que, en esa misma tesis doctoral, describió el método de sustracción para mejorar las imágenes tras la inyección de agentes de contraste.

En el año 1936, la empresa francesa *Massiot et Cie* construyó el primer equipo tomográfico basado en los principios descritos por *Ziedses des Plantes*.

Ese mismo año, el fabricante alemán *Gustav Grossmann* realizó un estudio exhaustivo de los principios matemáticos y geométricos de la tomografía y llegó a la conclusión de que los equipos existentes eran demasiado complicados: los movimientos circulares requerían una exposición entre 3 y 5 veces mayor que la necesaria para una radiografía simple y se necesitaba una cantidad de radiación 10-15 veces mayor con los movimientos helicoidales. Por ello, en el aparato que diseñó, la película se movía en forma horizontal, mientras el tubo describía un arco en un plano vertical.

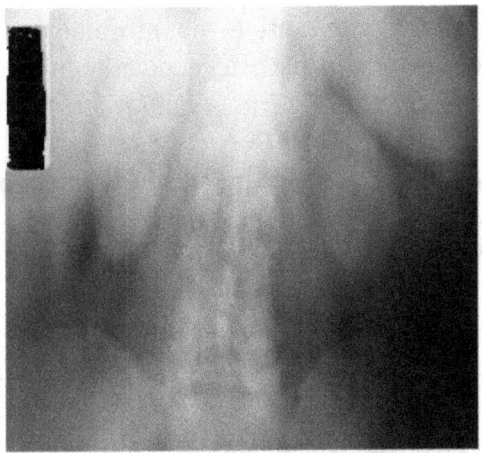

Tomografía lineal de los riñones

Él fue quien acuñó el término Tomografía, compuesto por las palabras griegas *"tomos"* (corte) y *"graphein"* (gráfico). En 1934 patentó un equipo denominado *"Tomograph"* (fabricado por la compañía de rayos X *Sanitas*) que fue el primer tomógrafo que se produjo de manera comercial.

Hasta los años 80 la tomografía fue una modalidad diagnóstica muy utilizada en los Servicios de Radiología pero, la implantación de la tomografía computarizada fue, poco a poco, desplazándola hasta su desaparición definitiva. Hoy en día, los tomógrafos convencionales, sólo se encuentran en los museos.

El radiolocalizador y la fotofluorografía

No, no guardan relación. O sí, si tenemos en cuenta que ambos "inventos" se perfeccionaron el mismo año, 1935, y que en ambos se van a utilizar radiaciones electromagnéticas aunque, eso sí, de muy diferente longitud de onda: ondas de radio, en el radiolocalizador, y radiación X, en la fotofluorografía.

El radiolocalizador o radar (término derivado del acrónimo inglés *radio detection and ranging*) es un sistema de localización que, con la ayuda de ondas electromagnéticas, permite medir velocidades de objetos estáticos o móviles, direcciones, altitudes y distancias.

Consiste en la emisión de un pulso de radio que al reflejarse en el objetivo es recogido, posteriormente, como un "eco". El análisis del mismo puede aportar una gran cantidad de información.

Los principios teóricos del radar, frecuencias y niveles de potencia, fueron establecidos en el año 1917 por *Nikola Tesla*. En el número de agosto de ese año, *Tesla,* en *The Electrical Experimenter,* describía las características fundamentales de los radares militares modernos:

"Si lanzamos un sutil haz de diminutas cargas eléctricas que vibren a altísima frecuencia, millones de ciclos por segundo, y el rayo se encuentra con un objeto en su trayectoria, como el casco de un submarino, por ejemplo, y somos capaces de que ese rayo que acaba de chocar con algo, un submarino u otro buque, se reflecte, iluminando una pantalla fluorescente (como la de los rayos X), habremos resuelto el problema de cómo localizar un submarino sumergido.

Por fuerza, el antedicho haz eléctrico habrá de tener una longitud de onda extremadamente corta, y aquí es donde nos encontramos con una cuestión realmente compleja: cómo conseguir una longitud de onda tan corta y la enorme cantidad de energía que se precisa. Una posibilidad sería enviar el rayo de exploración de forma intermitente, lo que nos permitiría dirigir un formidable haz de energía eléctrica oscilatoria [...]"

A partir de 1930 se desarrollaron diversos modelos, uno de los cuales fue utilizado en el verano de 1938 en la Guerra Civil Española.

El modelo actual fue creado en 1935, como hemos comentado, por el físico inglés *Robert Watson-Watt* y, aunque su desarrollo tuvo lugar durante la Segunda Guerra Mundial, en septiembre de 1935 ya había equipos con un alcance de 80 km. Fue, precisamente, esto lo que convenció al Subcomité de Defensa Aérea del Reino Unido de la conveniencia de instalar una red de estaciones costeras. La red se denominó *Chain Home* y se realizó en 1938.

Ese mismo año se comenzó a desarrollar un nuevo sistema de radar cuyo objetivo era detectar embarcaciones en alta mar y al año siguiente se produjeron dos nuevos avances. Por un lado, las primeras pruebas para detectar aviones en vuelo. Por otro, un sistema de identificación amigo-enemigo (*IFF, Identification Friend or Foe*) que permitía determinar si los aviones o los barcos que eran detectados por el radar eran propios o enemigos.

Radar utilizado en la Segunda Guerra Mundial

Este dispositivo, que como acabamos de comprobar fue desarrollado con fines bélicos, permitió a *la Royal Air Force*, durante la Batalla de Inglaterra, obtener una gran ventaja táctica.

En la actualidad, aparte de sus usos militares, cuenta con multitud de usos civiles. Los más importantes, sin duda, aquellos que tienen que ver con el control del tráfico aéreo.

Una curiosidad sobre *Robert Watson-Watt* es que se le encargó un informe sobre un hipotético *"rayo de la muerte"* que, a tenor de la propaganda, estaba siendo desarrollado por los alemanes. Se trataría de un rayo que funcionaría con ondas de radio y que podría, incluso, destruir ciudades. Apoyándose en los cálculos realizados por su ayudante *Arnold Wilkins*, *Watson Watt* concluyó que con ondas de radio no se podía producir, de ninguna manera, el efecto devastador que los alemanes afirmaban.

En 1935, como indicábamos al principio del capítulo, vio la luz una nueva modalidad radiográfica. Desde el punto de vista técnico, la fotofluorografía consiste en el fotografiado de las imágenes producidas por rayos X al incidir sobre una pantalla fluorescente.

Denominada por otros fotorradioscopia, fue utilizada principalmente para la detección precoz de la tuberculosis. Para ello, se realizaban pequeñas radiografías de tórax, de manera masiva, en una película fotográfica a grandes grupos de población.

La primera persona en aplicar esta técnica al estudio de las enfermedades del pulmón fue el médico e investigador brasileño *Manuel Días de Abreu* quien, ese año, en el Hospital de Río de Janeiro comenzó a realizar pequeñas radiografías pulmonares con el concurso de rollos de película fotográfica de 50 o 100 mm.

Abreu había nacido en Sao Paulo y obtuvo el doctorado en medicina en la Universidad de Río de Janeiro en 1914. Poco después viajó a Francia y en 1916 comenzó a trabajar en *el Hôpital Hôtel-Dieu* donde tuvo su primer contacto con la radiología médica. Poco después fue nombrado director del laboratorio de radiología en sustitución del *Dr. Jean Guilleminot*, que había sido reclutado por el ejército para luchar en la Primera Guerra Mundial.

El primer "fotofluorógrafo" fue construido por la *Casa Lohner*, filial de *Siemens* en Río de Janeiro y la técnica, denominada "Abreugrafía" en su honor por la Sociedad de Medicina y Cirugía de Río de Janeiro en 1936, se utilizó también para detectar cánceres bronquiales.

El paciente era situado frente a una pantalla de platinocianuro de bario y la imagen obtenida, tras la exposición a los rayos X, era fotografiada mediante una cámara desmontable.

Tras la realización de un cribado masivo las fotorradioscopias eran procesadas y analizadas. Cuando se observaba algo sospechoso, en alguna de ellas, al paciente se le realizaba una nueva radiografía de tórax en placa convencional.

Aunque la verdadera responsable de la disminución de la tasa de mortalidad por tuberculosis fue la introducción de la estreptomicina, se considera que la abreugrafia también ayudó a la reducción de esta enfermedad en Brasil.

Fue tal el impacto de esta técnica radiológica que, en pocos años, se convirtió en un examen obligatorio para cualquier persona que, en Brasil, solicitara un trabajo en la administración pública, en un hospital o en una escuela.

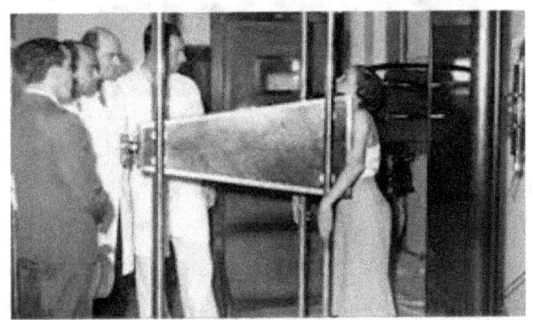
Fotofluorógrafo de Abreu (octubre de 1937)

La abreugrafia se utilizó en medio mundo y recibió nombres distintos según el país en el que se empleara. En Estados Unidos y en el Reino Unido se la denominó "radiografía de tórax en miniatura". "Fluorografía radiográfica" fue el nombre que recibió en Alemania. Los italianos la denominaron "schermografia" y "fotoradiopsia" los españoles. En Suecia fue conocida como "fotofluorografía" y fueron los franceses los que menos se "complicaron la vida" al denominarla, simple y llanamente, radiografía.

Abreu impartió clases en un número importante de instituciones científicas brasileñas y extranjeras y fue miembro de las más importantes organizaciones médicas del mundo. Como premio a su labor recibió diversas medallas científicas además de ser distinguido con la Legión de Honor francesa.

Irónicamente, si tenemos en cuenta su especialidad médica, la muerte le llegó en 1962 en forma de cáncer de pulmón.

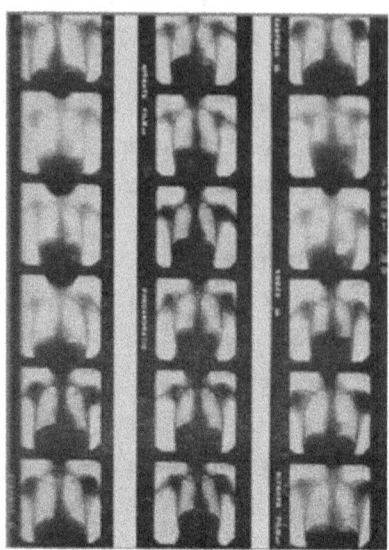
Abreugrafía en serie

En 1974, la Organización Mundial de la Salud a través del Comité de Expertos en Tuberculosis se pronunció en contra de los estudios en masa mediante fotofluorografía pues consideró que requería personal médico y técnico altamente especializado que, dado el bajo número de casos detectados, podía ser más útil en otras actividades de salud. Posteriormente, en 1999, la OMS recomendó su eliminación total, aunque todavía es posible encontrar cribados de tuberculosis, por este método, en algunos países y en grupos de población específicos, como reclusos o inmigrantes procedentes de países con alta incidencia de tuberculosis.

Microscopio electrónico

Aunque no guarda una relación directa con los rayos X, sí la tiene con los postulados de uno de los grandes teóricos de la física cuántica durante el periodo de entreguerras, *Louis de Broglie*.

A diferencia de los microscopios ópticos, los microscopios electrónicos utilizan electrones en lugar de fotones de luz visible para componer la imagen de objetos diminutos. Ello les permite alcanzar amplificaciones mayores que las de los microscopios ópticos puesto que la longitud de onda de los electrones es mucho menor que la de los fotones de luz visible.

El primero de los microscopios electrónicos fue diseñado por un físico, *Ernst August Friedrich Ruska*, y un ingeniero, *Max Knoll*, ambos alemanes. A su vez, ellos se basaron en las investigaciones de *Louis-Victor de Broglie* acerca de las propiedades ondulatorias de los electrones.

De Broglie era un físico teórico. De hecho el Nobel de Física que le fue entregado en 1929 lo fue en virtud de las ideas contenidas en su tesis doctoral.

Como ya comentamos con anterioridad, ésta fue publicada en 1924 con el título "*Recherches sur la théorie des quanta*" ("Investigaciones acerca de la teoría cuántica"). Se basaba en los trabajos de *Einstein* y *Planck* y en ella presentaba por primera vez la dualidad onda-corpúsculo, característica de la mecánica cuántica, e introducía el concepto de los electrones como ondas.

La dualidad onda-corpúsculo abría la posibilidad a lo que *Ruska* y *Knoll* enunciaron años después: la posibilidad de construir un microscopio electrónico de mucha mayor resolución que cualquier microscopio óptico al poder trabajar con longitudes de onda mucho menores.

Knoll era el director del grupo de investigación sobre los electrones en la Universidad Técnica de Berlin cuando el alumno *Ruska* llegó a ella, tras haber pasado previamente por la Universidad Técnica de Múnich.

Ruska teorizó que si los microscopios usaran electrones, que tenían longitudes de onda unas mil veces menores que los fotones de luz visible, podrían formarse imágenes más detalladas de los objetos que con los microscopios que utilizaban luz pues, en estos últimos, la magnificación estaba limitada por el tamaño de las longitudes de onda.

En 1931 demostró que una bobina magnética podría hacer la misma función que una lente electrónica y en 1933 lo llevó a la práctica construyendo el primer microscopio electrónico.

Pero la producción comercial de los primeros equipos no se realizó hasta 1939 y el honor de su fabricación le cabe a la empresa alemana *Siemens*.

Dos años antes de morir, en 1986, *Ruska* recibió el Premio Nobel de Física por una dilatada carrera, plagada de éxitos, dedicada a la óptica electrónica.

Primer Microscopio Electrónico
(Siemens, 1939). Museo de Múnich

Xerorradiografía

No excesivamente conocida, la xerorradiografía era una técnica diagnóstica con rayos X que se utilizó principalmente para el estudio de tejidos blandos y en la cual las imágenes, en lugar de obtenerse con un procesado químico, se obtenían tras un procesado eléctrico sobre una placa de aluminio recubierta de selenio.

Aunque los principios físicos fueron ya estudiados a principios de siglo, la primera aplicación no tuvo lugar hasta 1938 y fue llevada a cabo por el físico norteamericano *Charles Carlson*, basando su invento en la fotoconductividad del selenio. Fue, precisamente, el 22 de octubre de ese año cuando *Carlson* obtuvo la primera imagen xerográfica en su laboratorio, aunque ya en 1931 había descubierto que el selenio, fotoconductor, se cargaba de electricidad estática sólo en las zonas iluminadas.

Denominó a su invento electrofotografía, aunque años después recibió el nombre comercial de xerografía (del griego *xeros*, seco, y *grafos*, escritura). Se trataba de un proceso de impresión que utilizaba electrostática en seco para la reproducción o copiado de documentos o imágenes. Fue el creador de la empresa *Xerox*.

Una empresa neoyorkina, *The Haloid Company*, adquirió los derechos de la xerografía en 1947 y la comercializó. En 1959, esta empresa comercializó la primera fotocopiadora de papel para oficinas. Tras su aparición en el mercado, la revista *Fortune* se refirió a ella como "*el producto más exitoso de todos los tiempos comercializado en los EEUU de América*". En 1961 la empresa pasó a denominarse *Xerox Corporation*.

Cuando en la actualidad utilizamos una fotocopiadora, una impresora láser o, incluso una impresora digital, estamos utilizando una tecnología basada en la xerografía.

Pronto se vio que esta técnica de impresión podía tener una aplicación importante en el campo de la medicina. Centrados en el ámbito radiológico, hemos de decir que, si bien tuvo aplicaciones en ortopedia y angiografía desde el momento de su invención, su mayor aplicación fue en el estudio de la mama, concretamente a partir de 1966, ya que aportaba un gran contraste a nivel de los márgenes periféricos de la imagen. De hecho, cuando se utilizaba en el estudio de la mama se la denominaba xeromamografía.

Básicamente, la técnica consistía en exponer con rayos X un material fotoconductivo, selenio amorfo, que daba lugar a la formación de una imagen latente electrostática, la cual tras un procedimiento de revelado seco se convertía en la imagen visible.

La conversión de la imagen latente en visible se llevaba a cabo utilizando un polvo fino cargado eléctricamente, de manera que la imagen se formaba por atracción y repulsión de cargas.

Para realizar la exploración se requería una placa especial realizada con selenio amorfo, que es un material fotoconductor, depositado sobre una base de aluminio. Una característica de este tipo de placas es que eran reutilizables.

El proceso era ciertamente complejo. En primer lugar había que eliminar cualquier carga electrostática de la superficie de la placa. Para ello, en completa oscuridad pues la luz podía ionizar la placa semiconductora, se calentaban las placas en unos hornos de relajación y luego se dejaban enfriar a temperatura ambiente. Posteriormente comenzaba el proceso de carga, haciendo pasar las placas cerca de la superficie de un alambre conductor de alta potencia. La descarga que se producía entre el alambre y la placa daba como resultado una distribución homogénea de las cargas positivas, haciendo que las placas estuvieran listas para ser expuestas.

Una vez listas, las placas se introducían en chasis estancos a la luz, similares a los utilizados con placas de haluros de plata. El tamaño más habitual era 24 x 30. A partir de este momento se disponía de 30 minutos para realizar la exploración, que era el tiempo que las placas tardaban en descargarse de forma natural.

La radiografía se realizaba con un tubo convencional pero con factores de exposición más elevados que con películas radiográficas. Con la exposición, la capa semiconductora aumentaba su conductividad eléctrica y, a consecuencia de ello, se producía la descarga de las cargas positivas. Dicha descarga variaba en función de la cantidad de rayos X que llegaran a la placa y, consecuentemente, la imagen latente formada iba a depender de esta circunstancia.

Para obtener la imagen visible se utilizaba un procesador que depositaba un polvo de color azul, de carga negativa, sobre la placa y que era atraído por ésta en función de la carga que poseía tras la exposición.

Posteriormente, la imagen se hacía permanente transfiriéndola y fijándola en un papel opaco plastificado con ayuda de calor. Para ello, tras ser extraída por el procesador, la placa contactaba íntimamente con el papel plástico en un ambiente de elevada temperatura con lo que el plástico se fundía y permitía que se fijasen a él las partículas que constituían la imagen.

La imagen definitiva estaba lista a los noventa segundos de insertar la placa expuesta en el procesador. Durante este periodo de tiempo la placa de selenio era limpiada por un cepillo giratorio y, posteriormente, archivada en un cajetín de almacenamiento.

Ahora, ya podía prepararse la placa para utilizarla en una nueva exposición.

La imagen obtenida mostraba varios tonos de azul. Las regiones más densas, que eran las que absorbían más radiación X, aparecían de color azul oscuro. Eso era así porque, en esa zona, a la placa llegaba menos radiación lo que hacía que se produjera menos descarga y, en consecuencia, daba lugar a una carga residual mayor. Las partículas de polvo eran, entonces, atraídas por ella y de ahí ese color azul oscuro.

Por el contrario, en las regiones menos densas los rayos X pasaban casi sin atenuación y ello provocaba una descarga importante en la placa y, por tanto, poca carga residual. Por ello, pocas partículas de polvo eran atraídas y el resultado era un color azul claro en estas zonas de la imagen, lo que permitía un realce de los bordes. Este realce era mayor en las zonas limítrofes entre zonas altamente cargadas y zonas con carga residual.

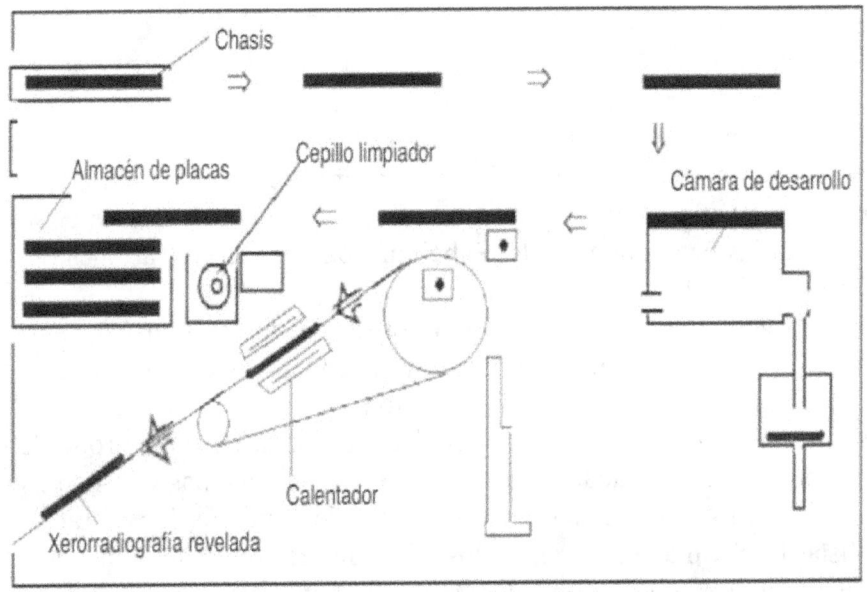

Sistema procesador de Xerorradiografías

Ahora sólo faltaba visualizar la imagen. No eran necesarios negatoscopios, ya que el papel sobre el que se había transferido la imagen era opaco.

El realce de los bordes fue la gran aportación de la xerorradiografía y fue de especial valor en la mamografía, por las finísimas estructuras que conforman el parénquima de la mama.

Otra de sus ventajas era su amplia latitud de exposición. Es decir, utilizando una variada combinación de factores de exposición se podía obtener una imagen de calidad aceptable.

Pero también presentaba inconvenientes y no pocos. El mayor, la dosis de radiación que era mayor que la utilizada cuando se trabajaba con película de sales de plata. Pero, además, había que tener presente que el polvo y/o las imperfecciones de la placa de selenio podían causar artefactos que, en el caso de la mamografía, por su parecido a calcificaciones podían dar lugar a errores diagnósticos.

No obstante, y a pesar de ello, este sistema se utilizó en muchas unidades de radiología para el estudio de la mama hasta 1990, año en el que comenzaron a aparecer los primeros equipos digitales.

Memorial de los Mártires de Rayos X

En el año 1936, a partir de una propuesta realizada por el profesor *Hans Meyer* de Bremen, se erigió en Hamburgo un monumento dedicado a la memoria de los mártires de las radiaciones.

El "Monumento a los Rayos X y los mártires de todas las naciones" también conocido como el *"Memorial de los mártires de Rayos X"* se levantó en las proximidades del Pabellón *Röntgen*, en los jardines del Hospital de San Jorge.

El emplazamiento fue elegido en honor del Profesor *Heinrich Ernst Albers–Schönberg* quien trabajó en este hospital hasta su muerte, en 1921, víctima de los efectos de la radiación.

Se trata de una columna cuadrangular terminada en una corona de laurel en la que se grabaron los nombres de las personas que habían fallecido como consecuencia de los efectos de los rayos X y el radio. La lista de víctimas comprendía los 159 nombres, correspondientes a quince naciones, que habían sido recopilados por *Hans Meyer*.

El monumento fue inaugurado el 4 de abril de 1936 y en él, por orden alfabético, aparecen grabados los nombres de los médicos, físicos, técnicos, empleados de laboratorio, enfermeras y monjas cuyas muertes fueron ocasionadas por el manejo profesional de radiaciones. En 1959 se añadieron cuatro placas, a los lados del monumento original, para colocar los nombres de las víctimas que se habían producido desde la inauguración del mismo y que, en ese momento, alcanzaba la cifra de 359. A finales de 1988, en el monumento de Hamburgo aparecían inscritos 377 nombres.

Memorial de Hamburgo a los mártires de los Rx

Como homenaje a todos estos hombres y mujeres que hicieron posible con su trabajo el desarrollo de la radiología y la radioterapia, reproduzco el texto que figura en la cara anterior del monumento:

"A los radiólogos de todas las naciones: médicos, físicos, químicos, técnicos, auxiliares de laboratorio y enfermeras que han ofrendado sus vidas en la lucha contra las enfermedades de la humanidad.

Ellos han preparado heroicamente el camino hacia una utilización eficaz y desprovista de riesgos de los rayos X y del radio. Las obras de los muertos son inmortales".

RADIOTERAPIA

El regreso de Claudius Regaud

Ya hemos comentado que desde, prácticamente, el descubrimiento de los rayos X se tuvo conocimiento de que podían producir daños en los tejidos sanos. Inmediatamente se comprobó que los rayos X podían destruir, también, células cancerosas.

El médico austriaco *Leopold Freund* es considerado el "fundador" de la radioterapia. Empleó por vez primera los rayos X, con fines terapéuticos, para tratar una malformación en la espalda y el cuello de un paciente. Era 1896 y siete años después, en 1903, publicó el primer texto sobre radioterapia en el que recogía los tratamientos llevados a cabo en estos años así como los efectos adversos o secundarios producidos en los mismos.

Los primeros tratamientos con rayos X, en los últimos años del siglo XIX y primeros del XX, se suministraban en forma fraccionada. Ello era así no porque se supiera que era favorable para los pacientes sino porque los tubos de rayos de la época se calentaban demasiado cuando se suministraba una alta dosis de una sola vez. El conocimiento de que el fraccionamiento de la dosis era beneficioso para el paciente no se tuvo hasta los años veinte cuando experimentos realizados con machos cabríos demostraron que al esterilizarlos con una sola dosis de radiación se causaba un daño a la piel del escroto que no se producía si la esterilización se llevaba a cabo fraccionando la radiación y suministrándola a intervalos diarios, durante un cierto tiempo.

Otro hecho que llama la atención, por curioso, es que el fraccionamiento se convino en realizarlo 5 días a la semana y no porque se hubiera comprobado su efectividad, sino porque resultaba mucho más cómodo irradiar al paciente una vez al día durante los cinco primeros y, luego, descansar los fines de semana.

Si un año fue el tiempo que medió entre el descubrimiento de los rayos X por *Röntgen* y el de la radiactividad por *Becquerel* no fue mayor el que transcurrió entre los primeros usos de ambos con fines terapéuticos. Efectivamente, como ya comentamos en el primer capítulo, en 1901 el dermatólogo *Henri Danlos* llevó a cabo, en Paris, el primer tratamiento con radio a un paciente con lupus. Marcaría el inicio de la radiumterapia o terapia con radio.

Aunque en los años anteriores a la Primera Guerra Mundial se había producido un desarrollo importante de la braquiterapia (radiumterapia o terapia con radio) la roentgenterapia o radioterapia externa con rayos X siguió utilizándose, llegando a entrar en competencia con la terapia con radio.

Tal fue así que Enrique Ribas Ribas, ilustre cirujano catalán, llegó a escribir en 1918 que *"no podemos decir que el radium sea superior a los rayos X y tampoco que los rayos X sean mejores que el radium; sólo el tiempo lo dirá*". Esta frase que, desde la óptica actual, resulta un tanto anodina indica con toda claridad como, en aquellos primeros años del siglo XX, la terapia con radio no había conseguido todavía el despegue que logró en los años que siguieron.

Concluida la guerra, y tras el frenazo que ésta supuso, la braquiterapia recuperó su actividad en los considerados centros pilotos de la época, que no eran otros que el Laboratorio Biológico del Radium de Paris, creado en 1906; el *Radiumhemmet* de Estocolmo, constituido en 1906; el Instituto del Radium de Londres, fundado en 1911, y la Sociedad Norteamericana del Radium que se había constituido en 1916.

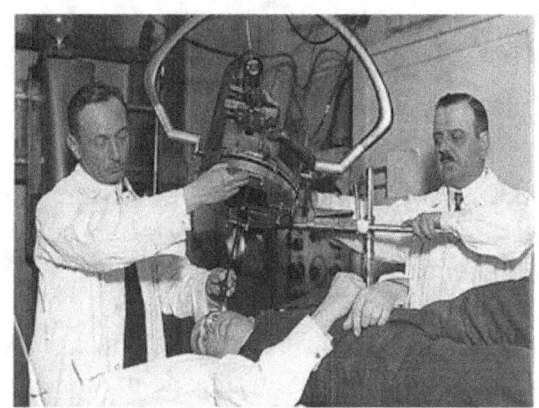

El radiólogo austriaco Guido Holzknecht (izquierda)
dando terapia con rayos X a un paciente , hacia 1928

Pero, sin lugar a dudas, entre todos ellos destacaba el Laboratorio del Radium de París que en aquel momento ya se denominaba Instituto del Radium *Marie Curie*. Y para ello había sido muy importante la incorporación, en el mes de diciembre tras su vuelta del frente, de *Claudius Regaud* a la dirección del Pabellón *Pasteur*, que formaba parte del Instituto del Radium y que se ocupaba de la vertiente clínica.

Ello permitió reanudar el tratamiento a los pacientes hospitalizados en los diferentes Centros de Asistencia Pública de Paris, a los cuales el propio *Regaud* se desplazaba en bicicleta transportando el radium encapsulado o las emanaciones de radón. En esta labor contó con la ayuda de su más próximo colaborador, *Antoine Lacassagne*.

Pabellón Pasteur (Laboratorio de Radiofisiología) del Instituto del Radio de París

Ese mismo año, bajo el auspicio del antiguo Secretario de Estado *Justin Godart*, el prestigioso cirujano *Albert Henry Hartmann* y el propio *Claudius Regaud* tuvo lugar la creación de la Liga francesa contra el cáncer.

En julio de 1919, en el Pabellón *Pasteur* se construyeron dos salas que albergaban 18 camas, consultas y salas de tratamiento y, ello, dio un fuerte impulso a *Regaud* y a sus colaboradores para desarrollar y extender las indicaciones de la radiumterapia. Además, en esa década se creó, también en París, el Instituto del Cáncer.

En 1920 vio la luz la Fundación *Curie*, de la mano de *Regaud* y la propia *Marie Curie*. Al año siguiente, obtendría la declaración de utilidad pública.

En la Fundación *Curie*, *Regaud* llevó a la práctica su idea de fusionar la investigación científica con la medicina práctica. Conseguía, con ello, introducir en la práctica médica y científica una "idea revolucionaria" que él había experimentado durante la guerra, la multidisciplinariedad, y que iba a modificar profundamente el abordaje del cáncer. Para ello se rodeó de un equipo compuesto por médicos, biólogos y técnicos, sin olvidar a "los vecinos de al lado", es decir los físicos y químicos dirigidos por *Marie Curie* que trabajaban en el pabellón situado, justo, al lado del suyo. *"La colaboración estrecha de las ciencias físicas, la radioterapia y la radiofisiología es una necesidad para llevar a cabo esta labor"*, escribiría *Claudius Regaud* en 1930. Esta idea sigue siendo, en la actualidad, la principal regla de funcionamiento de los centros de lucha contra el cáncer.

Claudius Regaud en su mesa de trabajo del Pabellón Pasteur en el Instituto del Radio (1930)

Aunque tímidamente, en 1921 serían adoptadas en Francia las primeras medidas de radioprotección en el campo de la radioterapia. Consistieron en capuchas o escafandras y en muros y paredes plomadas.

Antes de finalizar 1922 se produjo la apertura del dispensario de la Fundación *Curie* y la creación de una Comisión del Cáncer. *Regaud* fue nombrado director del primero y miembro de la segunda, justo en el momento en el que la lucha contra el cáncer se convirtió en causa nacional de salud pública.

En 1923, *Curie* y *Regaud* obtuvieron de la Unión Minera del Alto Katanga, sociedad belga productora de radio, el préstamo de 1 gramo de radio para la Fundación *Curie* (en 1924 obtendrían otro gramo; 4 gramos en 1926 y 6 gramos en 1932).

Entre los años 1923 y 1929 se creó una red de 15 centros regionales de lucha contra el cáncer tomando como modelo la Fundación *Curie*. Además, en colaboración con la Facultad de Medicina y con el apoyo de *Antoine Béclère*, padre de la radiología francesa, *Marie Curie* y *Claudius Regaud* organizaron unos cursos de radiología médica. De esta manera la Fundación *Curie* se convirtió en un referente de la radioterapia a nivel mundial, a la que venían a formarse numerosos investigadores de todo el planeta.

A mediados de 1924, tras ser elegido miembro de la Academia de Medicina de Francia, *Regaud* emprendió un viaje a Canadá durante el cual impartió un importante número de conferencias. Pero no fue el único. El prestigio alcanzado por la Fundación *Curie* le llevaría, durante los años siguientes, a un periplo por diversos países en los cuales impartió conferencias y, en muchos casos, fue investido Doctor *Honoris Causa* por diversas Universidades. EEUU, Brasil, Colombia, Líbano, Egipto, Polonia y Rusia son sólo algunos ejemplos.

En diciembre de 1925 comenzó a funcionar, en la Fundación *Curie*, la primera "bomba de radio" (con una carga de 4 gramos de radio en una cúpula de plomo de 6 cm de espesor). Con motivo de su puesta en funcionamiento, se formó una comisión, en la que participaron *Regaud* y *Curie*, encargada de establecer un límite de dosis de exposición para los trabajadores expuestos a las radiaciones.

En el periodo comprendido entre 1927 y 1939, *Claudius Regaud*, *René Ferroux* y *Antoine Lacassagne*, estrecho colaborador de *Regaud*, publicaron "*Radiophysiologie* et *Radiothérapie*", revista oficial del Instituto del Radio y de la Fundación *Curie*.

En 1928, fue nombrado presidente de la subcomisión para la radioterapia del cáncer, de la Sociedad de Naciones.

El 29 de mayo de 1932 uno de los sueños de *Marie Curie* se hizo, por fin, realidad: la inauguración del Instituto del Radio de Varsovia. A la misma asistieron tanto *Marie Curie* como *Claudius Regaud* y supuso la culminación de los esfuerzos que, desde 1925, venían realizando *Marie* y su hermana *Bronia* y que habían llevado, a la primera, a realizar en 1929 ese segundo viaje a EEUU en el que se le hizo entrega de los 50.000 dólares que permitirían comprar el gramo de radio que entregó al Instituto de Investigación del Radio de Varsovia.

Ésta sería la última visita de *Marie Curie* a Polonia.

Viaje de Marie Curie y Claudius Regaud a Polonia en mayo de 1932

Y ese mismo año, 1932, se produjo la creación en el Instituto del Radio parisino, gracias a una donación privada, de un nuevo laboratorio de investigación en biología que recibió el nombre de Pabellón *Trouillet-Rossignol*.

En diez años, el número de nuevos enfermos tratados en la Fundación *Curie* se había doblado. De alrededor de 400 en 1924 se pasó, aproximadamente, a 800 en 1934.

En 1936, cuatro años antes de su fallecimiento, *Regaud* fue elegido presidente de l'*AFEC, Association française pour l'étude du cancer.*

El conocimiento de que las radiaciones blandas del radium (partículas alfa y beta) podían eliminarse por filtración, incorporando cápsulas de determinados metales, y de esta forma utilizar únicamente la radiación gamma, la más penetrante, aumentó la utilidad de la radiumterapia.

El metal elegido como cápsula, bien con forma de tubo para ser introducido en cavidades naturales o en forma de agujas para ser insertadas en los intersticios de los tumores, fue la aleación platino-iridio. Con ello se consiguió mejorar, no sólo, la eficacia en la terapia de los cánceres cutáneos sino hacerlo, también, con las técnicas endocavitarias (sobre todo en útero) e intersticiales.

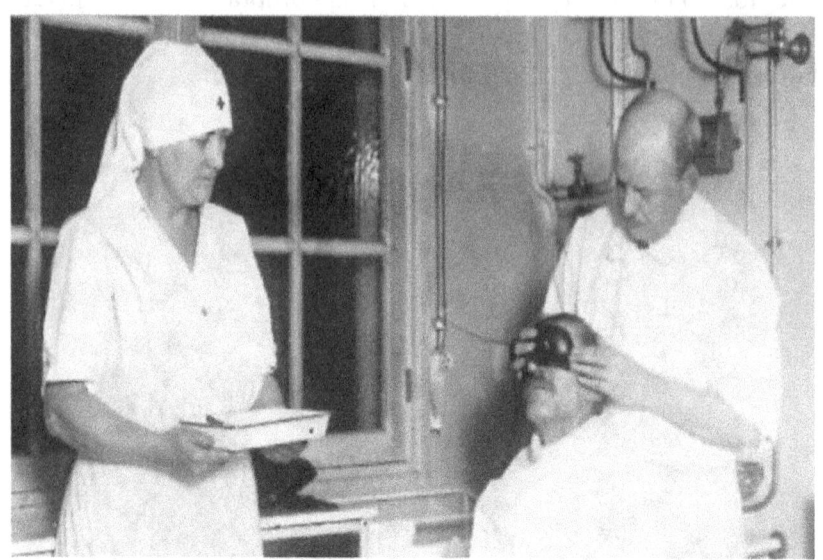

Aplicación de radio a un paciente

Una de las grandes aportaciones realizadas por *Regaud* y sus colaboradores, fue su contribución a sistematizar las prácticas radioterápicas: sentaron las bases biológicas de la duración óptima de los tratamientos, es decir la duración total del tratamiento y el fraccionamiento de las dosis que permitía preservar los tejidos sanos circundantes, y definieron protocolos diferentes de tratamiento en función del tipo de tumor y su localización.

Regaud y sus colaboradores realizaron numerosos estudios en pacientes con cáncer de cuello uterino y acabaron promoviendo la técnica denominada "Método de París", que alcanzó un gran desarrollo en los años 20, según la cual la dosis óptima correspondía a 55 mg de radium, filtrados por 1mm de platino, aplicados durante 6 días.

Unos años después, en la década de los 30, adquiriría una gran relevancia el denominado "Método o Sistema de Manchester". Los autores fueron *Ralston Patterson* y *Herbert Parker* del *Holt Radium Institut* y el *Christi Hospital* de Manchester. El "Método de Manchester" indicaba la forma exacta de distribuir las fuentes encapsuladas, al irradiar una lesión de determinada superficie y espesor, a fin de conseguir una buena cobertura del volumen irradiado y una adecuada homogeneidad de la dosis.

Sin lugar a dudas, la historia de la radioterapia recordará a *Claudius Regaud* como el pionero que sentó las bases de la cancerología moderna y le otorgará un lugar de privilegio junto a nombres tan importantes como *Henri Becquerel* o *Marie Curie*.

El radio cruza el Atlántico

Junto al cáncer de cuello de útero, el cáncer de próstata fue la otra enfermedad que tuvo una importancia enorme en el desarrollo de la braquiterapia con radium, fundamentalmente en Estados Unidos.

Dado que el radium se producía principalmente en Europa, hasta prácticamente el final de la Gran Guerra no hubo muchos médicos estadounidenses que pudieran adquirirlo.

Hugh Hampton Young, uno de los primeros urólogos en realizar la prostatectomía radical transperineal hacia 1904, vio en el radium la oportunidad para tratar cánceres de próstata inoperables. Para ello, tras un congreso celebrado en 1913 en Londres, adquirió 102 mg de radium y, en los años siguientes, desarrolló una compleja técnica endocavitaria. Introducía el radium encapsulado en platino, para filtrar las radiaciones alfa y beta, en la uretra, la vejiga y el recto, a la vez que colocaba otra fuente externa sobre el periné.

Tras tratar a unos 500 pacientes, *Young* constató que los tumores experimentaban espectaculares regresiones a la vez que tanto el dolor como la obstrucción se aliviaban.

Aparte de sus contribuciones en los campos de la cirugía urológica y la radioterapia, *Young* realizó algunos inventos y descubrimientos relacionados, principalmente, con la cirugía. Uno de ellos fue la conocida como "aguja de boomerang". Se trataba de un tipo de aguja quirúrgica diseñada para trabajar cuando se realizaban incisiones profundas. Además, él y sus colaboradores descubrieron la mercromina antiséptica o mercurocromo, un antiséptico dermatológico para la desinfección de heridas superficiales, quemaduras y rozaduras y que en España fue introducido en 1935 por el químico José Antonio Serrallach Juliá tras su paso por el Instituto Tecnológico de Massachusetts.

Hugh Hampton Young

Más o menos en es misma época, *Benjamin Barringuer*, otro urólogo americano decidió utilizar el radón pues su corto periodo de semidesintegración unido a su reducido coste lo convertían en un buen candidato para estas terapias. Construyó, para ello, un pequeño laboratorio para extraer el radón y guardarlo en finos tubos capilares de vidrio que a su vez se encapsulaban en semillas o en agujas metálicas de 1 mm de espesor.

La técnica de implantación podía ser intersticial transperineal, guiada por tacto rectal, transuretral con ayuda de un cistoscopio o por incisión suprapúbica.

Barringuer observó, con cierta frecuencia, pequeñas necrosis muy dolorosas originadas por la ausencia de filtración de la radiación beta. Por ello, desarrolló y utilizó pequeñas semillas de oro de 6 mm de longitud y 0,3 mm de grosor, suficiente éste para detener las partículas beta y dejar pasar, exclusivamente, la radiación gamma.

A pesar de los buenos resultados obtenidos por *Young* y *Barringuer*, las dificultades para implantar las semillas en la próstata, el desarrollo alcanzado por la radioterapia externa y la castración en casos avanzados de cáncer de próstata hicieron que esta técnica fuera cayendo en desuso, a mitad de los años 30, hasta desaparecer, en los 40. Nadie hubiera apostado entonces que 50 años después volvería a utilizarse.

Se podría afirmar que la radioterapia se asentó definitivamente en EEUU en 1919 cuando *Frederic Bryant* publicó una relación actualizada de sus potenciales aplicaciones en el *"Boston Medical and*

Surgical Journal". Dos años después, en 1921, se estimaba que en EEUU eran entre 400 y 500 los médicos que utilizaban radium en sus tratamientos.

El radium se administraba de todas las formas imaginables y, al desconocerse las bases biológicas del tratamiento, de forma indiscriminada en todo tipo de afecciones que iban desde los lupus a los sarcomas pasando por los fibromas y sangrados uterinos. Además las dosis se determinaban en función de la respuesta al tratamiento o por la denominada "dosis de eritema".

Analizado con los conocimientos actuales, habría que concluir que durante esas primeras décadas se produjo un uso "exagerado" de la radioterapia. Probablemente, la angustia y los dolores que ocasionaban los cánceres avanzados fue una de las causas que motivaron su utilización masiva. Pero hay que reconocer que los resultados acompañaron pues fueron espectaculares.

En 1931, un grupo de médicos canadienses, *Comisión Real Canadiense*, realizó un viaje por Europa y América con el fin de establecer las mejores formas de aplicación del radium y los rayos X, así como determinar las dosis a aplicar en cada indicación. A tenor de las conclusiones de la *Comisión* no cabría afirmar que el viaje resultara muy provechoso. Efectivamente, tras su regreso, concluyeron que no existía una opinión unánime ni para la mejor forma de aplicación ni para la dosis a utilizar. Y ello, tanto en la terapia con radium como en la que utilizaba rayos X.

La braquiterapia en España

A Celedonio Calatayud –fundador en 1912 de la Revista Española de Electrología y Radiología Médicas y en 1917, junto a Luis Cirera y Joaquín Decref, de la Sociedad Española de Electrología y Radiología Médicas- le cabe el honor de ser uno de los introductores en España de la radioterapia con rayos X.

Ahora bien, en lo que respecta a la radiumterapia, el Instituto Nacional del Cáncer, dirigido por José Goyanes Capdevila, no consiguió el primer radio hasta 1924.

El Instituto, que había sido inaugurado en 1922, nació tras la unión del Instituto Príncipe de Asturias, dedicado a fines asistenciales, y el Pabellón Victoria Eugenia, dedicado a la investigación, que habían sido creados unos años antes. Contaba con 28 camas, quirófanos y consultas, además de cuatro laboratorios de Radioterapia, Anatomía Patológica, Química Biológica y Experimentación Animal. Como acabamos de indicar, a partir de 1924 pudo contar con radio para realizar tratamientos.

Fue precisamente la pérdida de cierta cantidad de radio, de la que se le hizo responsable, la causa de que Goyanes Capdevila fuera destituido en 1935. Esa fue la razón que se alegó oficialmente aunque, según diversas fuentes, no resulta descabellado pensar que tras el cese pudieron esconderse razones de índole política.

José Goyanes Capdevila

Goyanes Capdevila fue un gran cirujano que realizó importantes aportaciones, sobre todo en el campo de la cirugía vascular. Pudo presumir de ser la primera persona en el mundo que utilizó un implante venoso para restablecer la circulación arterial. Fue editor de diversas revistas médicas y además de sus actividades profesionales y científicas cultivó una interesante faceta humanista pues ejerció como literato, ensayista e historiador. Fue además un viajero notable. Al margen de su destitución como director del Instituto Nacional del Cáncer, obtuvo un gran reconocimiento en vida pues fue distinguido con numerosas condecoraciones y nombramientos.

Aunque, en los años siguientes, hospitales de diferentes ciudades lo fueron adquiriendo (Barcelona, Tarragona, Valencia, Alicante), en 1925 el ginecólogo andaluz Alejandro Otero Fernández era de los pocos que poseía radium, en su clínica privada. De hecho, se le considera el pionero de la radioterapia ginecológica en Andalucía.

El Dr. Otero Fernández fue un personaje muy relevante en su época. Gallego de nacimiento (Redondela), terminó recalando en Granada donde ejerció la medicina e impartió clases como catedrático de ginecología de su Universidad, de la que llegó a ser elegido Rector en 1932. En 1928, la Facultad de Medicina incorporó un curso de ampliación e investigación titulado *Radioterapia en Ginecología* que fue impartido por él.

Compaginó la medicina con la política desde los puestos de concejal del Ayuntamiento de Granada y diputado por la provincia de Pontevedra, cargos para los que fue elegido en las elecciones municipales de 1931 y en las elecciones generales celebradas ese mismo año. Como consecuencia de su actividad política pasó unos meses en la cárcel durante la revolución de 1934.

El 30 de septiembre de 1937 fue, oficialmente, separado de la cátedra de obstetricia, que ocupaba desde mayo de 1914 cuando sólo contaba 25 años. Finalizada la Guerra Civil se exilió en México y allí continuó trabajando como médico en el Hospital Español y colaborando con el Gobierno de la República Española en el exilio.

Alejandro Otero Fernández

Si durante sus años en la capital granadina impulsó la creación del Hospital Clínico, cuya inauguración se realizaría por el gobierno franquista en 1944, durante su exilio mejicano creó una red de asistencia médica para atender a los refugiados españoles y a las personas más desfavorecidas. Falleció en el país que le dio acogida en 1953.

Conviene destacar también a Vicente Carulla Rier, catedrático de Terapéutica Física de la Universidad de Barcelona, quien en 1926 incorporó a su gabinete de radioelectrología un emanador. Los radioisótopos obtenidos los utilizaba en procesos reumáticos, ciática, gota, artritis gonocócica o leucemia mieloide, bien por inyección subcutánea o por inhalación.

El Doctor Lluís Guilera Molas fue un médico de gran prestigio, pionero en oncología y en el tratamiento con agujas de radio, que había estudiado en Alemania y se había especializado en anatomía patológica e histología. Mantuvo cierta relación con el matrimonio *Curie* y con Ramón y Cajal, y su intensa actividad científica y cultural le llevó a recorrer, también, las sendas de la pintura y la poesía.

Lluis Guilera Molas el día de su licenciatura en 1917

En 1933, siendo Jefe de Servicio de Radium del Hospital de la Santa Cruz y San Pablo (Barcelona), Guilera publicó los resultados obtenidos en 42 pacientes con cáncer de cérvix que habían sido tratadas en 1926 con braquiterapia, utilizando el "Método de París" de *Regaud*. La supervivencia fue de un 31,2%, resultados similares a los obtenidos en esa época en París.

Si hasta ese momento la terapia con radio se había utilizado, fundamentalmente, en el tratamiento de tumores de cuello de útero, la construcción, a finales de los años 20, de agujas de platino-iridio de 0,5 mm de espesor y 0.6 mm de luz, permitió su implantación en otros tipos de tumores como mama, vejiga, labio, lengua, faringe, laringe o tiroides.

La Radiactividad artificial cambia el futuro

En febrero de 1934 se produjo un hecho fundamental para el devenir de la física y la radioterapia. *Irène Joliot-Curie* y su marido *Frédéric Joliot-Curie*, que habían acumulado en su laboratorio una cantidad importante de polonio, irradiaron hojas delgadas de aluminio con las partículas alfa emitidas por el polonio. Observaron que tras retirar el polonio, el aluminio seguía emitiendo radiaciones varios minutos.

Irène y Frédéric Joliot-Curie en el laboratorio

Acababan de descubrir la radiactividad artificial y como ya sabemos, ésa fue la causa, de que al año siguiente les fuera otorgado el Premio Nobel de Química.

No habían transcurrido ni tres meses cuando *Enrico Fermi*, utilizando una fuente de neutrones irradió numerosos elementos y detectó 14 nuevos elementos radiactivos. Entre ellos, un isótopo del iodo con un periodo de semidesintegración de unos 30 minutos, según

Fermi. Posteriormente se comprobaría que se trataba del I-128, emisor beta, cuyo periodo de semidesintegración exacto era de 25 minutos.

El descubrimiento de la radiactividad artificial fue vital para la medicina nuclear y la radioterapia pero lo fue, también, para la biología. Téngase en cuenta que los isótopos radiactivos tienen las mismas propiedades que sus formas naturales por lo que, tras su introducción en el organismo, siguen las mismas rutas metabólicas pero con la ventaja de que, en todo momento, pueden ser localizados e identificados debido a la radiación que emiten.

$$^{27}_{13}Al + {}^{4}_{2}He \longrightarrow {}^{30}_{15}P + {}^{1}_{0}n$$

$$^{30}_{15}P \longrightarrow {}^{30}_{14}Si + {}^{0}_{1}e^{+}$$

Ejemplo de formación de un núcleo por radiactividad artificial

El seguimiento del recorrido de estos isótopos en el organismo ha sido de gran importancia para estudiar la fisiología de multitud de seres vivos, incluido el hombre. De hecho, once años antes, *George Hevesy* hizo un experimento en el que añadía al agua de riego plomo marcado con radio y podía seguir el recorrido de éste desde el tallo hasta las hojas.

Hay una conocida anécdota de *Hevesy* según la cual, mientras vivía en una pensión londinense sospechaba que su patrona utilizaba los restos de comida para elaborar la comida de los días siguientes, algo que ella negaba. Un día impregnó los restos de comida de su plato con un marcador radiactivo y unos días después comprobó, con su electroscopio, que la comida que la patrona le sirvió tenía radiactividad. Había confirmado su sospecha.

Herman Blumgart fue, en 1926, el primero en utilizar marcadores radiactivos en humanos. Tras inyectarse Bi-214 calculó la velocidad de su flujo sanguíneo.

En 1938 se publicaron los resultados de un estudio conjunto llevado a cabo por miembros del MIT, *Massachusetts Institute of Technology*, y del MGH, *Massachusetts General Hospital,* que demostraba el potencial diagnóstico y terapéutico que podía tener el iodo radiactivo en tiroides hiperplásicos y neoplásicos.

Para obtener radioisótopos de iodo, en cantidades importantes, se utilizaba el ciclotrón que, como ya sabemos, había sido diseñado por *Lawrence* en 1931.

El descubrimiento de la radiactividad artificial abrió muchas puertas en los diferentes campos de la radioterapia. También impulsó el desarrollo de la medicina nuclear y la industria nuclear, pero su verdadero desarrollo tuvo lugar en la década de los 40, una vez finalizada la 2ª Guerra Mundial, coincidiendo con las investigaciones sobre reactores nucleares. Fue ese el momento en el que se pudo disponer de cantidades importantes de I-131 (con un periodo de semidesintegración de 8 días), para abordar con garantías las terapias del hipertiroidismo y del cáncer de tiroides, y en el que vieron la luz las primeras bombas de cobalto.

Picaresca radiactiva

A pesar del enorme desarrollo científico de la braquiterapia, en esos años fueron muchos los artículos de prensa que atribuían a la radiactividad efectos extraordinarios, cuando no "mágicos" y cuyo daño menor eran las falsas esperanzas que hacían albergar a muchas personas. Veamos una muestra.

Esto es lo que aparecía en el diario madrileño La Voz en 1931: "Las noticias que llegan de Nueva York son sencillamente maravillosas. El radio, esa mágica sal a la que se deben tantas curaciones sorprendentes, parece alcanzar ya efectos milagrosos. Considéraselo capaz de alejar notablemente los linderos de la vida y de atacar ese incurable mal denominado vejez. Verdad es que existe la famosa fuente de juventud que restituía a los viejos vigor, fuerza y juventud; pero, por desgracia, era puramente simbólica, mientras el radio constituye una realidad. Nos lo afirma así el doctor *William J. A. Bayley,* de Chicago, en los siguientes términos: *Nos encontramos ante una verdadera hechicería de la ciencia. Sabido es que una de las principales causas de la vejez consiste en el endurecimiento de las arterias producido por la presión de la sangre. Las tabletas de radio impiden que las arterias se endurezcan; su efecto en el cuerpo humano es sorprendente, y todos los dolores agudos desaparecen como por encanto; las características de la vejez desaparecen; los apetitos extinguidos se entonan; el número de glóbulos rojos de la sangre aumenta en más de 250.000 en el breve espacio de 48 horas. El radio es un maravilloso tónico de la sangre. Como remedio sus efectos exceden de cuanto pueda soñarse".*

Eben MacBurney Byers era un joven multimillonario neoyorquino que tenía propiedades no sólo en Nueva York sino también en Pittsburgh, Rhode Island y South Carolina, además de establos para caballos de carreras en Nueva York e Inglaterra. Gran aficionado a la práctica de varios deportes, había sido campeón amateur estadounidense de golf en 1907. En 1927, a consecuencia de una caída, se produjo una lesión en un brazo que le provocaba grandes dolores y limitaba su capacidad para practicar este deporte y, según se rumoreó con cierta malicia, su no menos intensa vida sexual.

El referido *Bayley*, "médico" y dueño de un laboratorio que fabricaba un preparado de radium llamado *Radithor*, le prescribió que tomara dicho preparado cuya inocuidad venía avalada por testimonios de diferentes fisiólogos.

En diciembre de 1927, *Byers* comenzó a tomar varias botellas al día y se dice que se sentía tan fuerte, y estaba tan entusiasmado con el producto, que no sólo lo recomendaba a sus amigos sino que se lo daba a probar a sus caballos.

Tras cuatro años de usar *Radithor*, seguramente varios miles de frascos del preparado, comenzó a sufrir tremendos dolores de cabeza y boca. Pero esto fue sólo el principio. El radio se había acumulado en su esqueleto, había desarrollado un osteosarcoma y sus mandíbulas y huesos se deshacían, literalmente hablando.

En 1932, *Byers* falleció en el *Doctor's Hospital*. La autopsia determinó que la causa de la muerte había sido envenenamiento por radio. El informe de la misma describía necrosis de la mandíbula, inflamación de los riñones, absceso cerebral, bronconeumonía y destrucción de la médula ósea.

Un reportaje aparecido en la prestigiosa revista médica *"Journal of the American Medical Association"* (*JAMA*) indicaba que muchos órganos del cadáver eran altamente radiactivos. La exhumación del cadáver, realizada años después, puso de manifiesto que los huesos seguían emitiendo partículas radiactivas.

El *New York Times* publicó la noticia en los siguientes términos: *"Byers muere por envenenamiento de radio. Eben Byers, rico magnate, saludable playboy y reconocido deportista, padecía un síndrome misterioso y falleció pesando apenas 40 Kg con sus huesos destruidos. Byers tomó Radithor, un preparado acuoso que contenía radio diluido al que su fabricante, Bayley, dueño del laboratorio homónimo, le aseguraba ser útil para tratar la dispepsia, la hipertensión, la impotencia y otras 150 enfermedades endocrinológicas"*.

Eben MacBurney Byers en 1920

Curiosamente, hasta ese año de 1932, nadie consideró sospechoso al radio. Como en muchas otras ocasiones, fue la muerte de una persona famosa la que desató las alarmas. Hasta ese momento, nadie había tenido en cuenta ciertas señales. Por ejemplo, la extraordinaria incidencia de osteosarcoma entre los trabajadores, fundamentalmente mujeres, del sector relojero. Posteriormente se supo que se debía a que eran las encargadas de pintar las esferas fluorescentes de los relojes con una pintura luminiscente que tenía un alto contenido en radio.

El Organismo encargado del control de Alimentos y Medicamentos de EEUU, *Food and Drug Administration* (*FAD*), y la Comisión de Comercio Federal, *Federal Trade Commission* (*FTC*), iniciaron una investigación que concluyó con un informe contrario al empleo de medicinas radiactivas de manera indiscriminada.

En 1926, Bayley había redactado una monografía, *Modern Treatment of the Endocrine Glands with Radium Water: Radithor, the New Weapon of Medical Science* (Tratamiento Moderno de las Glándulas Endocrinas con Agua de Radium: "Radithor", el Nuevo Arma de la Ciencia Médica), **que hizo llegar a cientos de médicos norteamericanos invitándoles a usar *Radithor* y valorar sus efectos.**

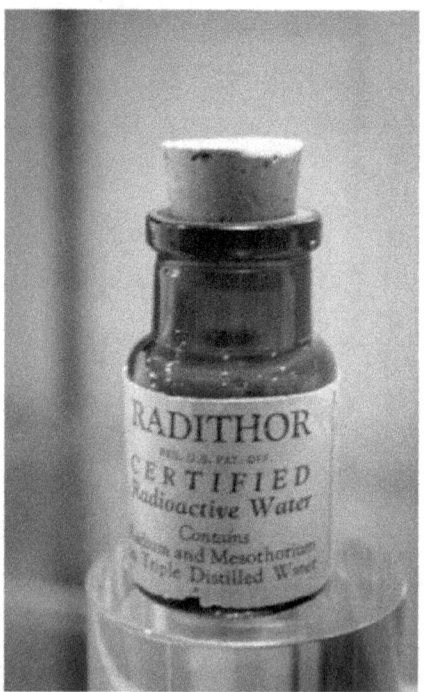

Envase de Radithor

Desde el punto de vista empresarial se trataba de un negocio con el que *Bailey* obtenía pingües ingresos, si se tiene en cuenta que el beneficio resultante de la venta de cada envase era aproximadamente del 400% y que, según un editorial de la revista *JAMA* fechado en

1927, la fábrica de *Bailey, Bailey Radium Laboratories* de New Jersey, llegó a fabricar, envasar y distribuir más de 400.000 envases, de 1-1,5 decilitros, para su venta en diversos países.

Ciertamente, no se trataba de un producto al alcance de cualquier bolsillo pero los beneficios que, según el prospecto, reportaba sobre más de 400 enfermedades y sus efectos afrodisíacos a consecuencia, según decía, del efecto estimulante sobre las glándulas adrenales, tiroides, pituitaria y gónadas, eran suficiente reclamo para quienes pudieran permitírselo.

¿Pero quién era *William John Aloysius Bayley*? La palabra que mejor lo definiría sería embaucador. Un pícaro que se había construido su propio currículum. No tenía titulación alguna, a pesar de que se presentaba como *Dr. Bayley*, exhibiendo un título de Harvard y un doctorado en Viena. Era cierto que había estudiado en la Universidad de Harvard, pero también lo era que había sido expulsado de ella por conducta inapropiada.

William John Aloysius Bayley

Ello no le impidió elaborar una tesis acerca de los "poderes" del radio. Según la misma, en la mayor parte de las enfermedades subyacía una disfunción endocrina que impedía el correcto funcionamiento del metabolismo. El organismo entraba entonces en un estado de debilidad agravado por depresión, cáncer, idiocia y otros síntomas, que podía ser revertido mediante medicinas radiactivas que ayudasen al control glandular.

Desde luego, ingenio no le faltaba. Estos dispositivos, todos de su invención, dan una idea clara de lo que estamos comentando: *Radioendocrinator*, un dispositivo radiactivo que ionizaba el sistema endocrino; *Bioray*, un pisapapeles de sobremesa que emitía rayos gamma; *Thoronator*, un aparato que servía para fabricar agua radiactiva, y *Adrenoray*, un cinturón radiactivo que curaba la impotencia.

A pesar de su coste elevado, como ya hemos comentado, todos estos productos tuvieron muchísimo éxito. Eso sí, ninguno tanto como su producto estrella, el *Radithor*, una mezcla de agua mineral y radio.

Entre 1925 y 1930, años en los que se comercializó, nunca se estudió detalladamente su composición. Sí se conoce que el agua emitía 1 microcurio de cada uno de los isótopos del radio, Ra-226 y Ra-228.

Aunque a finales de 1931 se prohibió la comercialización del *Radithor*, *Bailey* nunca fue perseguido por su fabricación y venta, ni acusado de la muerte de *Byers*.

Todo lo contrario. Hasta 1949, año de su muerte, escribió libros sobre política y salud, fue aviador de reconocimiento durante la Segunda Guerra Mundial y continuó inventando dispositivos para la industria militar, entre los que cabe destacar un sistema para localización de submarinos y otro para identificación de aviones.

PROYECTO MANHATTAN

Los preliminares de lo que se denominó "Proyecto Manhattan" comenzaron en agosto de 1939. Aunque la maquinaria de guerra estaba dispuesta, técnicamente hablando, la Guerra no había comenzado. Es por ello por lo que, aunque todo el desarrollo del proyecto y su aplicación práctica tuvieron lugar en tiempo de guerra, dedicaremos este capítulo a uno de los momentos más notables de la historia de la física que concluyó con uno de los resultados más polémicos hasta la actualidad: la bomba atómica.

Como ya conocemos, en diciembre de 1938 los físicos alemanes *Otto Hahn* y *Fritz Strassmann* habían detectado bario tras bombardear uranio con neutrones. Un mes después, desde su exilio sueco, *Lise Meitner* y su sobrino *Otto Frisch* interpretarían correctamente los resultados obtenidos por *Hahn* y *Strassmann* como una prueba de la fisión del núcleo de uranio. Es decir, acababan de descubrir que era posible liberar una gran cantidad de energía rompiendo núcleos de elementos pesados y transformándolos en núcleos más pequeños. Ello era debido a que parte de la masa del núcleo padre se convertía íntegramente en energía de acuerdo con la fórmula de Einstein: $E = mc2$ (al final de la fisión la suma de las masas de los núcleos hijos era inferior a la masa del núcleo padre).

En busca de la reacción en cadena

El nombre "Proyecto Manhattan" corresponde a la denominación en clave de un proyecto de investigación desarrollado durante la Segunda Guerra Mundial por EEUU, con el apoyo de Canadá y el Reino Unido. El "cuartel general" se ubicó inicialmente en un piso de la *Broadway Avenue*, de Nueva York, y el proyecto fue bautizado con el nombre de *Manhattan District*. Posteriormente, la investigación y desarrollo acabó teniendo lugar en más de 30 localizaciones diferentes de los EEUU (bajo la dirección del General *Leslie R. Groves* y la administración del Cuerpo de Ingenieros de la Armada de EEUU), Canadá y Reino Unido.

El objetivo del "Proyecto Manhattan" era la construcción de la primera bomba atómica con antelación a que lo pudiera hacer la Alemania nazi.

Ahora bien, llevar el proyecto a la práctica planteaba muchas complejidades. La primera de ellas era encontrar el elemento más apropiado para la fisión. Pero no era la única, puesto que había que optimizar la geometría para garantizar la reacción en cadena y conseguir reducir la velocidad de los neutrones producidos por los elementos fisionados pues son los neutrones lentos los que mejor interactúan con los núcleos. De hecho, era tal la complejidad que en 1939 y 1940 la mayor parte de los científicos estadounidenses no creían que fuera posible la creación de la bomba.

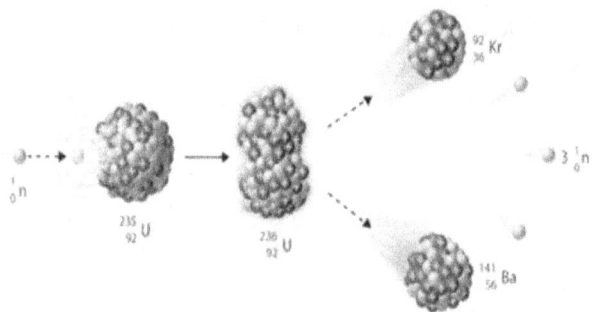

Fisión del Uranio-235 tras ser bombardeado con neutrones

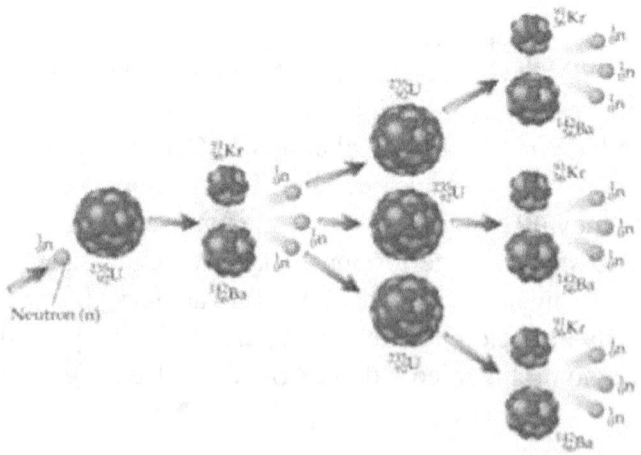

Reacción en cadena a partir del bombardeo con neutrones del Uranio-235

El responsable militar del proyecto fue el general *Leslie Richard Groves*, mientras que la dirección de la investigación científica estuvo a cargo del físico estadounidense *Julius Robert Oppenheimer*.

El desarrollo del proyecto tuvo lugar en numerosos centros de investigación y en él participaron un selecto grupo de eminencias científicas entre las que podemos destacar, además del ya citado *Oppenheimer*, a *Enrico Fermi*, *Niels Böhr*, *Arthur Holly Compton* o *Ernest Lawrence*.

En él participaron también un número importante de judíos exiliados que vieron, en el mismo, una forma de luchar contra el fascismo.

Es importante destacar que el "Proyecto Manhattan" fue en todo momento una carrera contrarreloj pues Alemania estaba inmersa en sus propias investigaciones, el denominado "Proyecto Uranio", en las que participaron científicos tan prestigiosos como *Otto Hahn, Max von Laue* y *Werner Heisenberg*. El esfuerzo alemán estuvo centrado en la creación de dos equipos, uno de los cuales tenía como objetivo conseguir la bomba nuclear mientras que la misión del segundo era conseguir la fabricación de un reactor nuclear, para la obtención de electricidad.

Y, todo ello, sin olvidar a la Unión Soviética que hacía lo propio en la denominada "Operación Borodino" y en la que no dudó en contar con "la inestimable colaboración" de dos importantes físicos, el estadounidense *Theodore Hall* y el alemán *Emil Julius Klaus Fuchs,* que trabajaban en el "Proyecto Manhattan" y que realizaron labores de espionaje en su favor. No obstante, el hecho de que los escasos yacimientos de uranio, existentes en la Unión Soviética, no fueran capaces de suministrar todo el material necesario para las investigaciones obligó al régimen de *Stalin* a conseguir el uranio de los alemanes, a medida que los soviéticos empujaban a éstos hacia el oeste. En concreto, durante la batalla de Berlin –del 20 de abril al 2 de mayo de 1945- los soviéticos obtuvieron 250 kilos de uranio metálico, 3000 kilos de óxido de uranio y 20 litros de agua pesada, necesaria para moderar la velocidad de los neutrones intervinientes en la reacción en cadena. Pero era demasiado tarde.

Al final, la carrera contrarreloj tuvo un claro ganador. El 16 de julio de 1945, siete años después de que se dieran a conocer los principios físicos de la fisión nuclear, se realizó el primer ensayo atómico exitoso. Recibió el nombre de *Trinity* y consistió en la detonación de una bomba-A de plutonio del tipo *Fat Man*, similar a la que sería lanzada menos de un mes después sobre la ciudad japonesa de Nagasaki y que cambió el curso de la guerra y de la historia.

El exilio judío

El partido nazi había llegado al poder en 1933. *Leó Szilárd* y otros físicos judíos comprendieron, entonces, que había llegado el momento de abandonar el país. *Szilárd*, húngaro de nacimiento, se encontraba trabajando en la Universidad de Berlín. De Alemania marchó a Inglaterra, donde permaneció hasta 1938, antes de partir hacia EEUU. En Inglaterra conoció a *Rutherford* quien era la cabeza visible de la física nuclear en el Reino Unido.

Rutherford había publicado un artículo, en *The Times*, en el que afirmaba que, aunque el bombardeo de elementos con partículas alfa generaba energía, resultaría imposible obtener energía a gran escala con este método.

El físico de origen húngaro Leó Szilárd

Reflexionando sobre el artículo, *Szilárd* se preguntó si podría producirse una reacción nuclear en la que al bombardear con un neutrón se obtuvieran, como uno de los subproductos, dos neutrones. Si ésto fuera posible, continuaba su razonamiento, entonces podrían utilizarse estos dos neutrones libres para iniciar la reacción original, pero ahora se obtendrían 4 neutrones libres. Repitiendo el proceso se obtendrían 8 neutrones, 16 neutrones, 32 neutrones...Es decir, una reacción en cadena.

Sumando la energía liberada en cada uno de los eslabones de la cadena se obtendría una cantidad de energía enorme. Ésta podía ser la base de la bomba atómica. En definitiva, el "cuento de la lechera" siempre y cuando no se derramara la leche. Y lo que hizo fue solicitar la patente de "la idea" al gobierno inglés y trabajar para convertir ese sueño en realidad.

Posteriormente, en 1938, aceptó una invitación de la Universidad de Columbia, en Manhattan, y partió a EEUU para continuar con sus investigaciones.

Enrico Fermi fue uno de los físicos a los que el exilio le llevó a incorporarse a los equipos de científicos europeos que en EEUU habían decidido unir sus esfuerzos para llegar a la, tan esperada, reacción nuclear en cadena.

A él se debió la idea de sustituir el hidrógeno, como material frenador o moderador de los neutrones, por grafito. *Fermi* sugirió, además, la idea de que el uranio se agrupara en terrones para evitar el efecto de absorción indeseada de neutrones. Dicha labor la llevó a cabo desde su puesto de director de las investigaciones que se llevaban a cabo en la Universidad de Chicago y que supusieron los primeros test de reacción en cadena.

Pero si algo estaba claro, en aquellos primeros momentos de la investigación, es que se necesitaba financiación para poder continuar con la misma y todo comenzó con una carta.

Carta a Roosevelt

Leó Szilárd, Edward Teller y *Eugene Wigner*, refugiados judíos provenientes de Hungría, pensaban que la fisión nuclear podía ser utilizada por Alemania para producir una bomba atómica. Por esta razón convencieron a *Albert Einstein*, el físico más famoso en ese momento en EEUU, para que enviara una carta al Presidente *Roosevelt* instándole a apoyar las investigaciones que permitieran obtener la bomba antes que los alemanes.

Einstein envió la carta, que había sido escrita por *Szilárd*, el día 2 de agosto de 1939. Lo que sigue es un fragmento de la misma:

"En el curso de los últimos cuatro meses ha surgido la probabilidad – a través del trabajo de Joliot en Francia así como el de Fermi y Szilard en los Estados Unidos – de que pudiéramos ser capaces de ini-

ciar una reacción nuclear en cadena en una gran masa de uranio, por medio de la cual se generaría enormes cantidades de potencia y grandes cantidades de nuevos elementos similares al radio. Ahora parece casi seguro que se podría lograr este objetivo en el futuro inmediato.

Este nuevo fenómeno podría conducir también a la construcción de bombas, y es concebible – aunque con menor certeza – que puedan construirse bombas de un nuevo tipo extremadamente poderosas. Una sola bomba de ese tipo, llevada por un barco y explotada en un puerto, podría muy bien destruir el puerto por completo, así como el territorio que lo rodea. Sin embargo tales bombas podrían ser demasiado pesadas para ser transportadas por aire"

La respuesta del Presidente consistió en un incremento del presupuesto para financiar la investigación de la fisión nuclear en aras de la seguridad nacional.

Tras la carta de *Einstein*, *Roosevelt* creó el Comité del Uranio, ubicado en el *Naval Research Laboratory* (Washington), y en el que el físico *Philip Abelson* investigó la separación de los isótopos del uranio. Ese mismo año, 1939, *Fermi* construyó varios prototipos de reactores nucleares, en la Universidad de Columbia.

El proyecto, que había comenzado en diferentes universidades y principalmente en la de Columbia, se trasladó entonces a la Universidad de Chicago. Aunque, en busca de emplazamientos "más seguros", tres años después, en 1942, se decidiría su traslado definitivo al Laboratorio Nacional de Los Álamos (Nuevo México).

Complejo de Los Álamos en Nuevo México

Al año siguiente, en 1940, se creó el Comité de Investigación de la Defensa Nacional con el fin de orientar todos los recursos científicos de los EEUU hacia la investigación bélica.

Ya no hay marcha atrás

El 9 de octubre de 1941, *Roosevelt* autorizó finalmente la fabricación de la bomba atómica. La fecha es realmente importante porque desmiente la justificación que, en muchas ocasiones, se ha dado para autorizar su construcción.

En efecto, todos hemos oído e incluso leído que la causa que, definitivamente, decidió al Presidente *Roosevelt* a dar la autorización había sido el ataque sorpresa de la Armada Imperial de Japón al puerto militar estadounidense de *Pearl Harbor*. Pero éste tuvo lugar el 7 de diciembre de 1941. Quiere eso decir que la decisión de fabricar la bomba atómica ya estaba tomada antes, incluso, de la entrada de EEUU en la guerra.

Tras el ataque a *Pearl Harbor*, EEUU se sumó al conflicto y el objetivo del proyecto nuclear en marcha fue obtener el material para la bomba. Concretamente, había que conseguir plutonio y con esta finalidad se construyeron enormes plantas en Tennessee y Washington.

El inicio del proceso consistía en bombardear U-238 con neutrones. Los neutrones eran absorbidos por el U-238 y se transformaba en U-239. Ahora, éste, emitía una partícula beta y pasaba a Np-239, el cual tras la emisión de otra partícula beta se transformaba en Pu-239.

A comienzos del año 1942, el Nobel *Arthur Holly Compton* utilizó un laboratorio de la Universidad de Chicago para estudiar el plutonio y las pilas de fisión y encargó al físico teórico *Julius Robert Oppenheimer*, de la Universidad de California en Berkeley, que realizara los cálculos sobre neutrones de alta velocidad, que eran imprescindibles para la viabilidad de la bomba.

Oppenheimer contó con la ayuda del físico de la Universidad de Chicago *John Manley*, para coordinar a varios grupos de físicos experimentales dispersos por todo el país.

Uno de los primeros trabajos de *Oppenheimer*, en los que contó con la ayuda de *Robert Serber* de la Universidad de Illinois, fue "estudiar" el comportamiento de los neutrones en la reacción en cadena e, igualmente, el comportamiento que la explosión en cadena produciría. Sus conclusiones fueron revisadas, ese mismo verano, por un nutrido grupo de físicos y su conclusión fue que la bomba de fisión era viable.

En sus conclusiones, los científicos, sugerían que la reacción en cadena podía iniciarse de tres maneras: acoplando una masa crítica, disparando dos masas subcríticas de plutonio o uranio, o comprimiendo una esfera hueca de estos materiales.

Se especuló, también, con la posibilidad de que la bomba pudiera incendiar la atmósfera terrestre al desencadenar una hipotética reacción de fusión en cadena del hidrógeno, pero se descartó inmediatamente al considerarlo teóricamente imposible. Aún así, hasta después de la prueba *Trinity*, hubo quien mantuvo la duda, con la alarma que, lógicamente, ello provocó.

Las dificultades que planteaba el realizar las investigaciones en centros dispersos por todo el país hacían evidente la necesidad de crear un laboratorio que se dedicara en exclusiva a esta labor. Pero la imperiosa necesidad de producir suficiente uranio y plutonio pospuso esa otra necesidad a un segundo plano. Fue entonces cuando se designó al *Coronel James Marshall* para que supervisara la construcción de las fábricas encargadas de la separación de isótopos de uranio y de la producción de plutonio.

Los isótopos de uranio se separaban utilizando un método electromagnético que había sido desarrollado por *Ernest Lawrence* en la Universidad de California pero, debido a su alto coste y a las dudas sobre si bastaría para obtener todo el material necesario, se siguió investigando en la búsqueda de otros métodos alternativos.

A mediados de 1942 se hizo evidente que, aunque las investigaciones de Chicago con la pila de uranio fueran un éxito, el desarrollo de la bomba requería un esfuerzo mayor y que, si se quería mantenerlo en secreto, no podía seguir realizándose en una universidad. Se probó, entonces, con una forma de trabajar que, hasta ese momento, nunca se había llevado a cabo. Se trataba de reunir en una ubicación secreta al mejor equipo de físicos, químicos e ingenieros pero bajo el mando y la dirección del ejército de EEUU.

La existencia y ubicación de estos emplazamientos se mantuvo en secreto hasta el final de la guerra. De hecho, en 1945 trabajaban para el proyecto unas 130.000 personas y muchas de ellas desconocían en qué estaban trabajando, con el riesgo que ello supuso, en todo momento, para sus vidas. Además, la revelación por parte de los trabajadores de alguna de las actividades del proyecto era sancionada con una multa o incluso con la cárcel.

En el otoño de 1942, el *General Leslie R. Groves Jr.* fue designado Jefe del Proyecto. *Groves* reorganizó, inmediatamente, el equipo de científicos, ingenieros y técnicos a la vez que los dotó de los equipos necesarios para el desarrollo de su trabajo. Trabajo que se desarrollaría en un rancho de Nuevo México denominado Los Álamos y que comenzaría su andadura en el mes de marzo de 1943.

En octubre de 1942, *Groves* nombró a *Julius Oppenheimer* director del grupo de científicos europeos que se dedicarían, a tiempo completo, a la fabricación de la bomba atómica o, mejor dicho, de las bombas atómicas puesto que, en ese momento, ya estaba decidido que se fabricarían dos, una de uranio y otra de plutonio.

También en 1942, concretamente el día 2 de diciembre, *Enrico Fermi* consiguió culminar con éxito las pruebas de reacción en cadena en el reactor atómico experimental, denominado *Chicago Pile 1*.

EEUU acababa de dar un paso importantísimo en la carrera nuclear y ya no se detendría.

Equipo del Chicago Pile 1 en el cuarto aniversario (Diciembre de 1946)

"El navegante italiano encontró el Nuevo Mundo" "¿Y cómo halló a los nativos?" "Muy amigables". Ésta fue la manera cifrada en la que *Arthur Holly Compton* comunicó la noticia, por teléfono, a otro de los colaboradores en el "Proyecto Manhattan", el químico *James Bryant Conant*.

El equipo de los Álamos fue multidisciplinario y de él formaron parte un buen número de los más notables hombres de ciencia del momento (*Oppenheimer, Fermi, Szilard, Condon, Rabi, Bethe, Bacher*). Aparte del desarrollo de las bombas de fisión de uranio y de plutonio, en los laboratorios de los Álamos se trabajó en la construcción de un reactor nuclear homogéneo, en la separación de los isótopos del uranio y en el estudio teórico y práctico para desarrollar una bomba de hidrógeno. El equipo se disolvió unos meses después de finalizar la guerra.

Hay que reseñar que el proyecto sufrió varios retrasos a lo largo de sus diversas fases. En unos casos debidas a las dificultades lógicas en coordinar la investigación científica con las necesidades militares y en otros porque, no olvidemos, se trataba de un proyecto de naturaleza experimental y no podía competir con algunas de las prioridades del ejército en tiempo de guerra como era, por ejemplo, la demanda de acero para la construcción de fábricas destinadas a la industria bélica.

En el otoño de 1943, a propuesta del *Coronel Marshall*, se dio luz verde a una operación de inteligencia dirigida a conocer los progresos de Alemania en la investigación atómica. Recibió el nombre de *Operación Alsos*.

El "informe" de la citada operación concluyó que los estadounidenses habían superado el nivel de las investigaciones alemanas, ya, en 1942. El proyecto alemán, según las conclusiones del informe, carecía tanto de fondos como de personal suficiente para llevarlo a cabo. La noticia no podía resultar más halagüeña.

1944 fue un año complicado pues no se cumplieron, plenamente, las expectativas existentes en cuanto a la producción de uranio. Sin embargo, los resultados satisfactorios obtenidos en las primeras pruebas de implosión y el hecho de que se alcanzaran los niveles deseados en la producción de plutonio hicieron que el año se cerrara con cierto optimismo.

Al comenzar 1945 se podía decir que el "Proyecto Manhattan" estaba a punto de lograr su objetivo. La bomba de uranio estaba lista y la de plutonio a punto de ser terminada.

El sueño del "átomo pacífico" preconizado, entre otros, por *Pierre* y *Marie Curie* acababa de esfumarse en medio de un mar de dólares y ambiciones políticas que dieron alas no a la ciencia sino a la todopoderosa industria militar.

Desde que *Oppenheimer* comenzara a ocuparse de la dirección científica del "Proyecto Manhattan" hasta el 16 de julio de 1945, fecha en la que se realizó la *Prueba Trinity* que supuso la explosión de la primera bomba atómica cerca de Alamogordo (Nuevo México), habían transcurrido 2 años 3 meses y 16 días. Un tiempo récord si se tiene en cuenta la complejidad del proyecto, el elevado número de personas que trabajaron el él y la ingente cantidad de dinero que requirió para su desarrollo, unos 2.000 millones de la época equivalentes a unos 25.000 millones de dólares actuales. Ello le sitúa, con toda probabilidad, en el tercer proyecto más costoso de la historia de la ciencia tras el "Proyecto Apolo", de *John F. Kennedy* en 1961 para enviar un hombre a la Luna, cuyo coste alcanzó los 135.000 millones de dólares y la puesta en marcha de la Estación Espacial Internacional, a partir de 1980, que alcanzó la cifra de 100.000 millones de dólares.

El General Leslie R. Groves y J. Robert Oppenheimer
después del éxito del ensayo nuclear Trinity

Dos bombas diferentes

Pero, como es bien sabido, el proyecto no terminó ahí y condujo a la producción de dos bombas-A conocidas con los nombres *Little Boy* y *Fat Man* y que serían lanzadas con 3 días de diferencia, el 6 de agosto y el 9 de agosto de 1945, sobre las ciudades japonesas de Hiroshima y Nagasaki, respectivamente.

El mayor problema al que tuvieron que enfrentarse para la construcción del arma atómica fue la obtención del material fisible, tanto en calidad como en cantidad. El abordaje de este problema se produjo con dos enfoques distintos, cada uno de los cuales se encuentra representado en una de las bombas que se lanzaron sobre las ciudades japonesas.

La primera de las bombas lanzadas, *Little Boy*, estaba compuesta por U-235. Este isótopo es poco frecuente y hubo de ser separado del U-238, que es el isótopo más común del uranio pero que no es válido para la fabricación de armas atómicas. La separación de los dos isótopos del uranio se realizó, principalmente, utilizando el método de "Difusión Gaseosa" a partir del hexafluoruro de uranio.

Réplica de la bomba original Little Boy

La bomba lanzada sobre la ciudad de Nagasaki, *Fat Man*, utilizó Pu-239 que es más complicado de detonar. Para ello se utilizó un dispositivo de implosión, que había sido desarrollado en las instalaciones de Los Álamos: una esfera hueca subcrítica de plutonio se rodeó de explosivos, los cuales al detonar comprimieron el plutonio y aumentaron su densidad hasta conseguir las condiciones supercríticas que produjeron la explosión nuclear. Debido al complicado dispositivo de detonación fue necesario realizar una prueba antes de que los científicos y militares, responsables del proyecto, se sintieran seguros de que el resultado sería el esperado. Fue la *Prueba Trinity*.

Réplica de la bomba original Fat Man

Datos para el olvido o ¿para el recuerdo?

Sólo faltaba recibir la autorización y ésta acabó llegando. El Presidente *Truman* dio la orden.

Little Boy fue lanzada desde el bombardero estadounidense *Enola Gay*, cuando volaba a 10.450 metros de altura, y explotó a las 8,15 horas a unos 600 metros de altitud sobre la ciudad japonesa de Hiroshima. Medía 3 metros de longitud y 0,71 centímetros de diámetro, pesaba 4.400 kilos y su potencia explosiva era cercana a los 16 kilotones, equivalentes a 16.000 toneladas de TNT. Fue armada en pleno vuelo. El montaje consistió en colocar los pequeños sacos de cordita (explosivo convencional que produciría el disparo de los anillos de U-235) y armar los dispositivos eléctricos. Mató a 140.000 personas.

Se dice que fue tras la explosión sobre Hiroshima cuando Albert Einstein comentó: *"debería quemarme los dedos con los que escribí aquella primera carta a Roosevelt"*.

Nube atómica sobre Hiroshima (06/08/1945)

Fat Man iba a ser lanzada sobre la ciudad de Kokura pero las nubes y el polvo, causado por los bombardeos estadounidenses con armamento convencional, no permitieron una buena visibilidad del objetivo y se optó por el objetivo secundario. Fue detonada sobre Nagasaki, tres días después, desde el bombardero *Bockscar*. Sus dimensiones eran 3,25 metros de longitud y 1,52 metros de diámetro y pesaba 4.670 kilos. Tenía una potencia de 25 kilotones y la detonación se produjo a unos 550 metros sobre la ciudad. Mató a 40.000 personas y 25.000

resultaron heridas. Muchos miles más morirían después debido a las heridas y a la radiactividad.

Las estimaciones sobre el número total de muertos arroja la escalofriante cifra de unas 250.000 personas, la mayoría de ellas civiles, de las cuales sólo la mitad falleció los días de los bombardeos. Se calcula que entre un 15 y un 20% de los fallecimientos hay que atribuirlos al envenenamiento por radiación o síndrome por radiación aguda causado por una exposición a elevadas dosis de radiación ionizante. Desde entonces hasta hoy se han contabilizado unas 600 muertes, por leucemia y otros tipos de cáncer, atribuidas a la radiación liberada por las explosiones.

Hongo nuclear sobre la ciudad de Nagasaki (09/08/1945)

El 15 de agosto, seis días después de la segunda bomba, Japón anunció su rendición incondicional frente a los Aliados. De esta manera concluyó la Guerra del Pacífico poniendo fin así a la Segunda Guerra Mundial.

Los que lo hicieron posible

No es infrecuente al repasar la biografía de alguno de los grandes científicos de este periodo encontrarnos con que el autor de la misma le define como "el padre de la bomba atómica". ¿Es ello inexacto? Si tenemos en cuenta que en el "Proyecto Manhattan" participaron un número elevado de científicos (físicos, químicos, matemáticos) podría hablarse de paternidad compartida. Vamos, seguidamente, a hacer una pequeña relación de los más destacados.

Antes de nada conviene aclarar que la única participación de *Albert Einstein* en el "Proyecto Manhattan" fue el envío de la carta al Presidente *Roosevelt*, a la que ya hemos hecho referencia. Aparte de la carta, *Einstein* nunca trabajó en el desarrollo de bombas nucleares.

Einstein junto a Oppenheimer. Según sus propios testimonios, las bombas atómicas marcaron en ambos un antes y un después

Julius Robert Oppenheimer, norteamericano de origen judío, fue, como ya hemos reseñado, el director del proyecto científico. Terminada la guerra se opuso al uso militar de la energía nuclear.

Enrico Fermi, exiliado italiano y Premio Nobel de Física en 1938, fue el creador de la primera pila atómica (reactor nuclear) en la Universidad de Chicago.

Arthur Holly Compton, Premio Nobel de Física en 1927, era el director del laboratorio de la Universidad de Chicago en el que se produjo la primera reacción nuclear en cadena.

Edward Teller, uno de los muchos judíos que huyeron del régimen nazi, fue uno de los mayores defensores del programa nuclear estadounidense con fines bélicos, siendo considerado, además, el *padre de la bomba H* (llamada también bomba de hidrógeno, bomba termonuclear o bomba de fusión).

Hans Albrecht Bethe, Premio Nobel de Física en 1967, uno de los más importantes físicos teóricos del proyecto, fue el director de la división técnica. Su equipo trabajó en la fabricación de la masa crítica de U-235 necesaria para producir la reacción de fisión nuclear capaz de producir la explosión de una bomba nuclear.

Richard Phillips Feynman, Premio Nobel de Física en 1965, fue el responsable de la dirección teórica del proyecto, incluyendo los cálculos informáticos. En su biografía menciona el sentimiento de culpabilidad que le invadió al explotar la primera de las bombas.

John von Neumann, experto en explosivos, participó en el diseño de los explosivos de contacto para la compresión del núcleo de plutonio del dispositivo utilizado en el ensayo *Trinity* y en la bomba *Fat Man*. Calculó, también, la altura a la que debían explotar las bombas antes de llegar a tierra para que su efecto fuera mayor y formó parte del comité que seleccionó los objetivos potenciales japoneses donde estallar las bombas.

Seth Neddermayer fue el diseñador de un modelo de implosión que podía funcionar tanto con uranio como con plutonio y el creador de la bomba *Trinity*, la primera bomba nuclear de la historia.

James Franck, judío exiliado en EEUU y Premio Nobel de Física en 1925, trabajó en el Laboratorio de Metalurgia de la Universidad de Chicago, creado por *Arthur Compton*, como responsable de la División de Química y presidente de la Comisión de Problemas Políticos y Sociales del Laboratorio.

Józef Rotblat, físico polaco, colaboró con el diseño de la bomba atómica, pero después renegó y luchó por la erradicación de las armas nucleares. Abogó porque los científicos tuvieran un código ético similar al juramento hipocrático de los médicos. En 1995, a la edad de 87 años, se le concedió el Premio Nobel de la Paz.

Otto Robert Frish participó en el "Proyecto Manhattan" como parte de la delegación británica. En colaboración con *Rudolf Peierls* diseñó, en 1940 cuando se encontraba en Inglaterra, el primer mecanismo de detonación de una bomba atómica.

Niels Böhr, Premio Nobel de Física en 1922, emigró a EEUU en diciembre de 1943 por lo que su participación en el "Proyecto Manhattán" tuvo lugar en la parte final del mismo. Finalizada la guerra, se convirtió en un apasionado defensor del desarme nuclear. En 1955 fue el organizador de la Primera Conferencia Átomos para la Paz, que se celebró en Ginebra.

Emilio Gino Segrè, italo-estadounidense de origen sefardita y Premio Nobel de Física en 1959, trabajó desde 1943 a 1946 en el Laboratorio Nacional de Los Alamos. Años atrás, estando de profesor en la Universidad de California, Berkeley, ayudó a descubrir el astato y el isótopo 239 del plutonio.

Responsabilidad ética de la ciencia

Tras su paso por el Instituto del Radio de Varsovia, el polaco *Józef* (*Joseph*) *Rotblat* estaba entusiasmado trabajando al lado de algunos de los científicos más importantes del planeta, como *Fermi* o *Teller*. Pero al entusiasmo inicial le siguió un tremendo desengaño. En una conversación informal, escuchó decir al general *Graves* que el verdadero propósito de conseguir la bomba atómica no era detener a *Adolf Hitler*, sino imponerse a los soviéticos.

¿Cómo era posible? ¡Cientos de miles de soldados soviéticos estaban muriendo en su intento por detener a los alemanes!

Ante esta falta de ética, *Rotblat* decidió retirarse del "Proyecto Manhattan" y abandonó Los Álamos.

Regresó a Inglaterra y, allí, los servicios secretos le informaron del asesinato de su esposa por los nazis. Sin tiempo para reponerse de tan lamentable pérdida, poco después, tuvo conocimiento del lanzamiento de las bombas sobre las dos ciudades japonesas. No tenía mucho que reprocharse pero le inundó un profundo sentido de arrepentimiento.

La decisión que tomó, entonces, sería la responsable de que 50 años después, en 1995, le fuera concedido el Premio Nobel de la Paz: utilizar sus conocimientos para estudiar los efectos de las radiaciones sobre la salud de las personas. Dicha labor la llevó a cabo en el Hospital San Bartolomé de Londres.

En 1946 fundó la *BASA*, Asociación de Científicos Atómicos Británicos, y en 1955 colaboró con *Albert Einstein* y con el matemático y filósofo *Bertrand Russell* en la elaboración del famoso *"Manifiesto Einstein-Russell"*, el cual llamaba la atención de los científicos sobre las consecuencias de su trabajo y la necesidad de reflexionar sobre ellas.

Pero su "arma" más valiosa para luchar contra la amenaza de las armas nucleares fueron las llamadas *Conferencias Pugwash*. La primera tuvo lugar en 1957 y fue financiada por el industrial canadiense *Cyrus Eaton* quien exigió que se celebrara en Pugwash, una pequeña aldea de pescadores de Nueva Escocia en la que él había nacido. Bajo el nombre de *"Conferencia Pugwash sobre Ciencia y Asuntos Mundiales"*, la reunión fue un éxito y, en ella, se decidió realizar este tipo de conferencias con carácter anual. Actualmente siguen teniendo lugar, aunque los lugares de celebración van cambiando.

Participantes en la 1ª Conferencia Pugwash celebrada en 1957

En las primeras reuniones, cuya finalidad, al igual que en las actuales, era discutir sobre desarme nuclear, crecimiento demográfico, medio ambiente y responsabilidad social del científico entre otros temas, participaron científicos de todo el mundo aunque los procedentes de EEUU y Unión Soviética fueron mayoría.

Fue un hecho insólito, en plena guerra fría, y algunos de los acuerdos que en ellas se consiguieron fueron realmente importantes. En concreto, se establecieron la bases de lo que serían el "Tratado de No Proliferación Nuclear" y el "Tratado sobre Mísiles Antibalísticos".

Asistentes a la 61ª Conferencia Pugwash que tuvo lugar en Nagasaki en Noviembre de 2015

Rotblat abogó siempre por que los científicos tuvieran su propio código de conducta moral, una especie de juramento hipocrático similar al de los médicos En el acto de entrega del Nobel, finalizó su intervención con una frase que aparecía en el "Manifiesto Einstein-Russell": "*Ante todo, recuerda tu humanidad*".

Joseph Rotblat recibió el Nobel de la Paz en 1995

Ya hemos comentado que el "Manifiesto Einstein-Russell" llamaba la atención de los científicos sobre las consecuencias del trabajo que realizan y la necesidad de reflexionar sobre ellas.

Cualquier investigador adquiere el poder del conocimiento científico a través de los estudios e investigaciones que realiza. Pero, a la par, adquiere una responsabilidad ética que le han de guiar en la elección de cómo investigar y, ante todo, como aplicar los resultados de esa investigación en beneficio de la colectividad y no de intereses propios o perjudiciales para el ser humano y el medio ambiente.

El científico ha de tener claro que, hoy en día, la ciencia pura no existe. ¿Qué quiere esto decir? Simplemente, que cualquier formulación, hallazgo o descubrimiento puede tener una aplicación práctica y ello supone que debe existir una responsabilidad moral por el uso de los mismos.

La polémica sobre el lanzamiento de las dos bombas atómicas ha llegado hasta nuestros días. ¿Cómo permanecer impasibles ante la frase pronunciada por, el entonces Presidente de los Estados Unidos, *Harry Truman*: "*Éste es el suceso más grandioso de la historia*"?

Y son manifestaciones como la del Presidente *Truman* las que han de llevarnos a reflexionar sobre si los científicos que fabricaron las bombas estaban o no de acuerdo con el uso de las mismas y, en caso afirmativo, con la situación en que se utilizaron y los lugares sobre los que se lanzaron. Reflexionar, sí, pero siendo conscientes de que el juicio que realicemos no puede olvidar las especiales circunstancias que vivía Europa, fundamentalmente, y la situación de persecución personal que había arrastrado al exilio a muchos de los científicos europeos que participaron en el "Proyecto Manhattan".

Un hecho que mucha gente desconoce es la denominada "*Petición Szilárd*". En julio de 1945, *Leo Szilárd* envió al Presidente *Harry S. Truman* una petición firmada por 68 científicos del "Proyecto Manhattan" en la que se le pedía que considerara seriamente las implicaciones morales del uso de armas de destrucción masiva contra la población japonesa. En esas fechas, *Truman* se encontraba en Potsdam, Alemania, y no leyó la carta hasta su regreso el 7 de agosto, el día siguiente al bombardeo de Hiroshima. Parece ser que el general *Groves* se encargó de que *Truman* no recibiera la carta a tiempo y cuando éste la leyó ya era demasiado tarde.

Existen muchas opiniones al respecto de la responsabilidad moral de los científicos que, de una u otra manera, colaboraron en el desarrollo de las bombas atómicas. Desde aquellos que la sitúan en su totalidad en los científicos, pues piensan que este tipo de arma jamás debió haber sido fabricada, y llegan a tildarlos de criminales, pasando por los que comprenden la fabricación de la bomba con fines disuasorios pero achacan a los científicos que no hubieran insistido en que las bombas deberían haber sido utilizadas, exclusivamente, sobre objetivos militares y, por último, los que sitúan toda la responsabilidad en los políticos por ser ellos los que tenían la última palabra respecto a cómo se iban a utilizar.

Me quedo con las palabras del filósofo existencialista francés, *Albert Camus*: *"Nuestra civilización técnica ha alcanzado su nivel más alto de salvajismo. Se tendrá que elegir, tarde o temprano, entre el suicidio colectivo y el uso inteligente de las conquistas científicas. Ahora, más que nunca, se ve claro que la paz es la única batalla digna de lidiar"*.

Derecho de defensa

Hemos sintetizado las diferentes opiniones, lógicas por otro lado, en relación a si los científicos, que desarrollaron las bombas nucleares lanzadas en 1945, tuvieron alguna responsabilidad moral en la destrucción y desolación que las mismas causaron.

Dejemos, ahora, que sean los propios científicos los que se expresen y, llegado el caso, se defiendan.

Como ya ha quedado reflejado, un número muy importante de los investigadores que fueron determinantes en el desarrollo de las bombas atómicas quedaron realmente conmovidos en el mismo momento en que tuvieron conocimiento del lanzamiento de la primera de ellas.

En este sentido, lo expresado por *William Hudgens*, químico que trabajó a las órdenes de *Oppenheimer*, resume el sentimiento de un gran número de los científicos que participaron en el proyecto: *"la sensación predominante fue de alivio, pero no hubo una gran celebración. No tuvimos ganas de celebrar algo que mató a tanta gente pero fuimos conscientes de que las bombas, también, salvaron la vida de muchas personas al acortar la guerra"*.

A algunos el peso de la responsabilidad no les abandonó a lo largo de sus vidas. Otros, incluso, dedicaron el resto de las suyas a luchar contra el armamento nuclear hasta el punto, como también hemos visto, de que alguno llegó a ser premiado con el Nobel de la Paz. Entre ellos habría que mencionar al propio *Oppenheimer* quién el 25 de octubre de 1945, en una reunión mantenida en el despacho oval de la

Casa Blanca para tratar del control internacional de las armas atómicas, transmitió al Presidente *Harry S. Truman* que *"sentía que tenía la manos manchadas de sangre"*. El presidente estadounidense se molestó y una vez *Oppenheimer* hubo abandonado el despacho indicó a su asistente que *"no quería volver a ver a ese malnacido"*. Sería el inicio de la caída en desgracia de *Oppenheimer*, para la administración norteamericana. Caída que duraría hasta 1963 cuando el Presidente *Kennedy* le "rehabilitara" al concederle el Premio *Enrico Fermi*.

Comenzábamos el capítulo con la carta que *Albert Einstein* envió al Presidente de los Estados Unidos y lo terminaremos con un extracto de la entrevista que el mismo *Einstein* ofreció al *New York Times* en 1945 y que venía firmada como "Hay que ganar la Paz":

"En la actualidad, los físicos que participaron en la construcción del arma más tremenda y peligrosa de todos los tiempos, se ven abrumados por un similar sentimiento de responsabilidad, por no hablar de culpa. (...)

Nosotros ayudamos a construir la nueva arma para impedir que los enemigos de la humanidad lo hicieran antes, puesto que dada la mentalidad de los nazis habrían consumado la destrucción y la esclavitud del resto del mundo. (...)

Hay que desear que el espíritu que impulsó a Alfred Nobel cuando creó su gran institución, el espíritu de solidaridad y confianza, de generosidad y fraternidad entre los hombres, prevalezca en la mente de quienes dependen las decisiones que determinarán nuestro destino. De otra manera la civilización quedaría condenada."

Sólo podemos añadir: así sea.

ANEXO I

EL HIJO DE LA LUZ CONDICIONÓ EL FUTURO

A pesar del gran desarrollo que, en los últimos años, ha experimentado la cultura de la comunicación y las aportaciones que, a la misma, han realizado las nuevas tecnologías de la información, *Nikola Tesla* sigue siendo una figura bastante desconocida para el gran público. Y todo ello a pesar de que muchos aspectos de nuestra vida cotidiana son como son gracias a él. La manera como producimos y distribuimos la energía eléctrica, los motores de un sinfín de aparatos y electrodomésticos o el control remoto de los mandos a distancia son una mínima muestra de los casi 800 inventos que patentó y que forman parte de nuestro día a día.

Si bien es cierto que la mayor parte de las aportaciones de *Tesla*, a los campos de la física y la ingeniería, tuvieron lugar en los últimos años del siglo XIX y primeros años del XX, no lo es menos que sus ideas, inventos y aportaciones estuvieron en la base de muchos de los avances y descubrimientos que se produjeron en las décadas siguientes, a lo largo de todo el siglo XX. Sin ir más lejos, sus ideas acerca de la telefonía sin hilos marcaron el camino hacia la robótica, el SMS o el e-mail. Además, como ya se comentó en el prólogo, alguno de sus proyectos no se llegó a desarrollar por falta de financiación.

Ésta es la razón, y no otra, de que su figura y sus grandes aportaciones en los campos de la física y la ingeniería sean recogidas en estas páginas.

El inventor del siglo XX

Loco, iluminado, visionario, excéntrico, solitario, misógino y neurótico son algunos de los adjetivos que se han empleado al analizar la personalidad de *Nikola Tesla*. Exagerados o no, de lo que no cabe duda es de que se trató de un personaje muy especial. ¡Veamos si no!

Que tuvo ideas fantásticas es un hecho difícil de refutar: crear una máquina para capturar y utilizar la energía de los rayos cósmicos, descubrir una técnica para poder comunicarse con otros planetas, idear un método para generar terremotos o crear un arma de partículas con la que poder destruir cualquier objeto situado a 400 kilómetros de distancia.

Dejó entrever que había captado señales de extraterrestres y en las suites de los hoteles que le sirvieron de domicilio, a lo largo de toda su vida, vivió rodeado de palomas. Recorría las plazas y los parques para darlas de comer y recoger a aquellas que se encontraban heridas. Nunca faltaba a su cita diaria y cuando, por enfermedad o accidente, se encontraba impedido para asistir a ella contrataba a una empresa de mensajería para que alguno de sus trabajadores realizara dicha labor. En alguna ocasión, como comentaremos más adelante, llegó a abandonar el acto en el que estaba siendo homenajeado para ir al parque a darlas de comer.

Nikola Tesla cuando contaba 40 años

Refutó, rozando el empecinamiento, las teorías de la mecánica cuántica, las teorías de la relatividad especial y general y la fisión nuclear. Trabajaba sólo o con muy pocos ayudantes. En todo caso, sus colaboradores no solían conocer lo que "bullía" en la cabeza de su jefe.

Rechazaba el método ensayo-error, tan utilizado por *Thomas Alva Edison*, y sus investigaciones estaban siempre guiadas por raptos de inspiración. Dotado de una memoria prodigiosa y, a buen seguro, desconfiado tras serle "robadas" algunas de sus ideas, en la primera mitad de su vida, prácticamente no utilizó notas.

Sus opiniones respecto al papel de la mujer en la sociedad evolucionaron desde el conservadurismo imperante en la época, cuando decía que "*se atrevían a desafiar en inteligencia a los hombres, haciendo caso omiso del orden natural establecido por Dios*", hasta una suerte de "futurismo feminista" al afirmar que "*se establecería un nuevo equilibrio entre los sexos y la mujer se alzaría como un ser de inteligencia superior*".

Una mujer que portara alhajas constituía una razón suficiente para "huir" de ella. Si era portadora de pendientes de perlas ni siquiera se le acercaba. Nunca se casó y más allá de unas pocas y selectas amigas, entre las que se contaba *Anne Morgan* –hija de *John Pierpont Morgan*- quién de joven estuvo enamorada de *Tesla*, no se prodigó en las relaciones con el sexo femenino. Aunque no de una manera abierta, ello contribuyó a que se especulara con su posible homosexualidad. Siempre defendió su soltería apelando a las exigencias de su trabajo.

Mostró, a lo largo de su vida, una creciente obsesión por el número tres y sus múltiplos hasta el punto de que, en los restaurantes de los hoteles en los que se alojaba, la mesa en la que se sentaba disponía de 18 servilletas que, una tras otra, iba desplegando y utilizando para limpiar los 18 cubiertos dispuestos en la misma, a la par que mentalmente calculaba el volumen de sólidos y líquidos contenidos en platos, botellas y vasos.

A pesar de poseer una imaginación desbordante, su nulo sentido comercial, algo que sería una constante a lo largo de su vida, le impidió explotar de manera adecuada las más de 700 patentes que registró a lo largo de su dilatada existencia. Todo ello unido a su particular estilo de vida, alojándose en suites de hoteles de lujo siempre que el dinero se lo permitía, le terminaría conduciendo a la bancarrota.

A partir de las sensaciones que el propio *Tesla* describió haber sentido y que dejó reflejado en su libro "*Yo y la Energía*" algunos neurólogos han concluido que además de padecer migrañas y posibles sinestesias, las obsesiones, compulsiones y pensamientos intrusos descritos constituyen un cuadro típico de trastorno obsesivo compulsivo.

Ahora bien, por lo que *Nikola Tesla* merece ser recordado es por sus aportaciones, las únicas que deben ser objeto de análisis y medición. Y fueron muchas e importantes aunque algunas de ellas resultaron "adelantadas" a su tiempo, y no encontraron aplicación práctica en su época, por lo que su desarrollo tuvo que esperar. Muchos de los dispositivos que investigó, adaptó o perfeccionó son el fundamento técnico de algunos de los avances de los que hoy en día disfrutamos (distribución de corriente alterna, radio, radar, microondas, indicadores de velocidad de automóviles, transformadores para convertir corriente alterna en corriente continua utilizados, por ejemplo, en cargadores de móviles, dinamos, alternadores, lámparas fluorescentes…).

La más importante de estas aportaciones fue, sin lugar a dudas, el motor de corriente alterna y el sistema polifásico de distribución eléctrica, responsables de la generalización del uso de la energía eléctrica por corriente alterna (*AC*) que vino a transformar la vida cotidiana. Ello permitió iluminar grandes ciudades a la vez que facilitó el envió de electricidad a miles de kilómetros de distancia. Además, gracias a *Tesla*, en 1896 se construyó en las cataratas del Niágara la que sería la primera gran central hidroeléctrica del mundo con capacidad para suministrar energía eléctrica a un quinto de la población de los EEUU.

Motor de inducción bifásico de Tesla. La patente es de 1887-1888

Sus investigaciones sobre telegrafía sin hilos le llevaron a registrar una serie de patentes que posibilitaron que *Marconi* pudiera realizar en

1901 la primera transmisión radiofónica transatlántica (la letra "S"). Tras una serie de litigios que duraron casi tres décadas, en 1943, el Tribunal Supremo de EEUU dictaminó que *Marconi* había utilizado indebidamente las patentes de *Tesla* para crear su prototipo y le negó cualquier derecho sobre el invento de la radio concediéndoselo a *Tesla*. Desgraciadamente no pudo disfrutar de este reconocimiento pues había fallecido tan sólo unos meses antes.

Investigó y desarrolló, a pequeña escala, la transmisión inalámbrica de electricidad. Fruto de estas investigaciones realizó la primera demostración pública de un pequeño barco dirigido por radio control (con la idea de incorporar su desarrollo a los torpedos) e innumerables demostraciones en su laboratorio de lámparas y bombillas que se iluminaban, sin el concurso de cableado, utilizando la energía existente en la propia sala y utilizando el aire como conductor. En el año 2007, investigadores del *MIT* consiguieron iluminar una bombilla de 60 watios situada a unos metros de la fuente eléctrica utilizando las denominadas *bobinas Tesla* que transmiten electricidad sin necesidad de cables, basándose en el fenómeno de resonancia. Para ello se hace vibrar a ambas bobinas, emisora y receptora, a la misma frecuencia.

Lámpara brillando a unos metros del generador

Proyectó lo que a la larga sería su gran obsesión y no le abandonaría a lo largo de toda su vida: una red que había de permitir el envío de grandes cantidades de energía, de manera rápida y a bajo coste, a cualquier parte del planeta utilizando la conductibilidad de la ionosfera (la capa superior de la atmósfera) y sin necesidad de cables. Este sistema serviría igualmente, según *Tesla*, para enviar mensajes, imágenes o sonido. El centro del proyecto, financiado por *JP Morgan*, lo constituyó la *Wardenclyffe Tower* construida en Long Island en 1901. Finalmente, el proyecto se paralizaría porque *JP Morgan* retiró la financiación. Nunca sabremos si era un proyecto posible o si se trataba de una entelequia, pero parece evidente que, un proyecto de estas características en el caso de ser factible, era imposible que pudiera interesar a ninguna de las grandes empresas del país cuna del capitalismo. Prueba de ello sería la respuesta que *JP Morgan* ofreció a *Tesla* años después, tras las repetidas peticiones de éste al financiero para que invirtiese en una central que transportara la energía sin cables: *¿Qué interés podría tener la casa Morgan en dejar sin servicio todas las redes de tendido eléctrico de que dispone?*

Efectivamente, era su gran obsesión. En 1920 intentó convencer a los ejecutivos de *Westinghouse* de las ventajas de un sistema eléctrico planetario sin cables. La negativa de éstos le dolió especialmente pues cuando, más de 20 años atrás, esta compañía se hizo con los derechos de la corriente alterna le habían prometido que "*Westinghouse nunca rechazaría una propuesta suya*". Y ello sin olvidar que *Tesla*, en aras de la viabilidad económica de *Westinghouse*, había renunciado al cobro de los derechos por sus patentes.

En 1927 fue un amigo de Tesla, *Francis A. Fitzgerald*, miembro de la *Niagara Power Commission* de Buffalo quién actuó de intermediario ante la Comisión Canadiense de la Energía Eléctrica para que financiara un proyecto para el transporte de electricidad sin cables. Tampoco, esta vez, la idea salió adelante.

Aunque no obtendría la patente hasta el año 1928, en 1921 presentó la solicitud correspondiente a un avión que mostraba un diseño muy particular. Recibió el nombre de "horno volador" y su característica principal es que se trataba de un modelo de despegue y aterrizaje vertical (*VTOL, vertical takeoff and landing aircraft*). Por la información facilitada por sus biógrafos, se trataría del único invento de *Tesla* del que no construyó un prototipo (seguramente por falta de recursos económicos). Unos pocos años después de su muerte, en los primeros 50, *Convair* y *Lockheed* realizaron una serie de pruebas con aparatos que seguían los planos y las indicaciones de *Tesla* al pie de la letra.

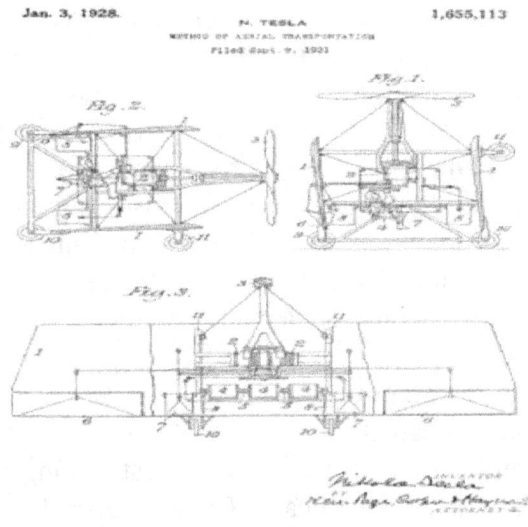

Esquema del avión de despegue vertical de Tesla

Siempre entendió que el planeta representaba una fuente inagotable de energía y alertó sobre la necesidad de explorar fuentes como la solar, la geotérmica y la eólica. Algunas de sus ideas fueron publicadas en la revista *Everyday Science & Mechanics*, en 1931, con motivo de su 75 cumpleaños. Recogeremos dos ellas. La primera consistía en obtener energía de los océanos utilizando la energía térmica, derivada de la diferencia de temperaturas entre las diferentes capas del agua del mar, para poner en marcha grandes centrales productoras de electricidad (llegó a diseñar un barco que era propulsado por este tipo de energía). En cuanto a la segunda se trataba de un proyecto para construir una central geotérmica de vapor aprovechando el calor, prácticamente inagotable, de las profundidades de la corteza terrestre. En los años 80 del pasado siglo, el Gobierno de los EEUU liberó los fondos necesarios para llevar adelante un programa de investigación para convertir en electricidad la energía térmica de los océanos (Conversión de la Energía Océano Térmica, *OTEC* en sus siglas en inglés).

Todos estos inventos prácticos, aportaciones sin desarrollar e incluso ideas difíciles de aceptar nos hablan de un hombre complejo pero sobre todo de un trabajador incansable, dedicado a tiempo completo a la búsqueda de soluciones a los problemas que se planteaba. De un hombre que utilizaba lo que algunos han denominado *"imaginación tridimensional"*, a fin de ahorrarse planos y bocetos en papel, y que, a pesar de que no contaba con ninguna titulación oficial, se sirvió de su excelente formación científico-técnica para postular sus modelos. Ni racionalista al cien por cien ni carente de un cierto empirismo, podría definírsele como una mezcla de ambas corrientes.

Todo ello no le impidió disfrutar de sus otras dos grandes pasiones, la literatura y la música, y, aunque el éxito económico nunca estuvo entre sus objetivos, supo disfrutar como nadie de los momentos de bonanza cuando éstos vinieron de la mano del trabajo realizado.

Todo empezó con un relámpago

Nikola Tesla nació a caballo de los días 9 y 10 de julio de 1856 en un pueblecito, Smiljan, del antiguo imperio austro-húngaro y que, actualmente, pertenece a la República de Croacia. El padre era un sacerdote ortodoxo y la madre una persona que, dotada de una enorme imaginación, diseñaba y fabricaba pequeños aparatos domésticos para uso propio. El matrimonio, de origen serbio, tuvo cinco hijos, dos varones y tres hembras, siendo *Nikola* el cuarto en venir al mundo.

El hecho tuvo lugar una noche de tormenta con gran aparato eléctrico. La mujer que atendía el parto interpretó los relámpagos como un mal augurio y pronosticó que *"este niño será un hijo de la oscuridad"*. La madre, por la que *Tesla* sintió verdadera pasión toda su vida, alejó los malos presagios de la partera al afirmar que *"no, será un hijo de la luz"*.

Es posible que las dos frases definan como ninguna lo que sería la vida de *Nikola Tesla*, inexorablemente vinculada a la electricidad, en una permanente sucesión de luces y de sombras.

La infancia de *Nikola* transcurrió en un ambiente en el que las citas bíblicas eran tan naturales como asar mazorcas de maíz sobre brasas de carbón. Le gustaba la poesía y además, desde muy joven, apuntaba maneras de inventor. Con tan sólo cinco años diseñó una rueda hidráulica que, lisa y sin paletas, giraba al paso del agua.

La muerte por accidente de su hermano cuando contaba doce años, siete más que él, vino a alterar la paz de la familia y el pequeño *Tesla* sufrió durante años pesadillas y alucinaciones que tenían que ver con el fallecimiento del hermano. Respecto a la influencia que, este acontecimiento, pudo tener en la larga sucesión de fobias y obsesiones que *Tesla* desarrolló a lo largo de su vida nada podemos decir. Hacerlo sería poco más o menos que elucubrar.

A pesar de que su vocación era estudiar ingeniería, su padre era de la opinión de que siguiera la carrera eclesiástica y no parecía dispuesto a dar su brazo a torcer. Dotado especialmente para las matemáticas y la física, gracias a uno de sus profesores, desarrolló un interés especial por la electricidad. Además, llegó a dominar siete idiomas, húngaro, latín, francés, checo, inglés, alemán e italiano, los cuales hablaba y escribía con bastante fluidez.

Por aquella época enfermó de cólera y "aprovechó" el momento para cambiar los planes que su padre había dispuesto para él. Cuando éste se sentaba a su lado en la cama, para darle ánimos, *Nikola* aprovechaba para recordarle que "*si me dejases estudiar ingeniería a lo mejor me ponía bueno*". ¡Qué padre podía negarse a tal chantaje emocional!

Llamado a filas, para realizar el servicio militar, no se presentó. Su padre le había aconsejado que se fuera al monte un año para terminar de restablecerse y eso es lo que hizo. Es sabido que en la familia había militares de alta graduación y es posible que le "ayudaran" a librarse de los tres años de servicio a la patria.

En 1875 se matriculó en la Escuela Politécnica Austríaca de Graz gracias a una beca, curiosamente concedida por las autoridades militares de fronteras. Física, matemáticas y mecánica fueron sus asignaturas preferidas. Pero la unidad militar de fronteras fue disuelta y hubo de abandonar los estudios, pues la economía de sus padres no permitía un gasto tan considerable.

Como no hay bien que por mal no venga, aprovechó todo el tiempo de que disponía, que eran las 24 horas del día, en buscar una solución alternativa a los motores eléctricos de corriente continua. Cuando creyó encontrar algunas soluciones cayó en la cuenta de que necesitaba dinero para materializarlas, pero no disponía de él. Intentó buscarlo en el juego, pero sin fortuna. Tampoco tuvo éxito en la búsqueda de empleo.

Tras fallecer su padre en 1879, marchó a Praga ciudad en la que permanecería hasta los 24 años y en la que continuó sus estudios como oyente.

La guerra de las corrientes

En enero de 1881, *Tesla* se trasladó a Budapest y encontró trabajo en la Oficina Central de Telégrafos. No era lo que hubiera deseado pero se entregó a él en cuerpo y alma. Eso sí, en ningún momento desaparecieron sus sueños y dedicaba todo el tiempo libre al diseño de nuevos motores que funcionaran con corriente alterna, así como los mecanismos para la generación, transporte y aprovechamiento de la electricidad. En 1882 introdujo diversas mejoras en los aparatos de la central en la que trabajaba y, aunque le supuso un trabajo adicional, obtuvo como recompensa una importante experiencia práctica.

Por mediación de unos amigos de la familia obtuvo una recomendación para trabajar en la filial telefónica que la *Continental Edison Company* tenía en la capital francesa. Allí intentó, sin éxito, convencer a los ejecutivos de la empresa de los beneficios potenciales que ofrecía la corriente alterna. *Edison* no quería ni oír hablar de esa posibilidad.

Su trabajo en la compañía consistía en resolver las dificultades que se presentaran en las filiales francesa y alemana de la firma *Edison*. Y no fueron pocas las que resolvió sin la adecuada compensación económica, en su opinión. Ello le llevó a dejar la empresa y, animado por *Charles Batchelor*, a emprender la aventura americana.

Batchelor, que había trabajado con *Edison* en la mejora del primer teléfono de *Bell*, se había dado cuenta enseguida de la valía del joven *Tesla* y le dio una carta de presentación para el mismo *Edison*.

Nikola Tesla puso pie en la *Oficina de Inmigración de Castle Garden*, en Manhattan, en 1884. Curiosamente el mismo año que Francia regaló a EEUU la Estatua de la Libertad.

Cuando *Edison* leyó la corta carta de recomendación que *Tesla* le mostró soltó un bufido mientras le observaba con atención. El texto de la misiva no auguraba nada bueno conociendo el fuerte ego que ambos rezumaban. Desde luego, al encumbrado *Edison* no debió hacerle ninguna gracia la comparación que *Batchelor* establecía en la carta: "*Conozco a dos grandes hombres, y usted es uno de ellos. El otro es el joven portador de esta carta*".

En las primeras palabras que *Edison* dedicó a *Tesla* estaba la penitencia: "*¡Caramba! ¡A esto le llamo yo una carta de recomendación! A ver, ¿qué sabe hacer usted?*"

Tesla le describió las excelencias del motor de inducción de corriente alterna, basado en su descubrimiento del campo magnético rotatorio y en las posibilidades que se abrían para un inversor avispado.

"*¡Alto ahí, amigo mío!*", soltó a bocajarro Edison, encolerizado. "*Ahórreme esos disparates que, además, son peligrosos. Esta nación se ha decantado por la corriente continua y no seré yo quien eche por tierra lo que la gente quiere. Pero quizá tenga algo para usted. ¿Sabe arreglar el sistema de alumbrado de un barco?*"

Thomas Alva Edison en 1922

Ese mismo día *Tesla* subió a bordo del *Oregon*, cargado de herramientas, para reparar los generadores estropeados del barco. Ese fue su primer trabajo para la *Edison Company* en Nueva York.

Edison, como *Batchelor,* pronto se dio cuenta de la capacidad de *Tesla* y le abrió su laboratorio para conseguir que las rudimentarias dinamos de corriente continua pudieran funcionar de manera más eficiente. Se dice, incluso, que *Edison* le prometió 50.000 $ si lo conseguía.

Tesla trabajó durante todo un año, sin apenas dormir, en rediseñar los generadores de *Edison*. Cuando reclamó la cantidad acordada, *Edison* se le quedó mirando y le contestó: *¡qué poco ha aprendido usted del humor americano!*

Bien distinta es la versión de *Edison*, según la cual *Tesla* le ofreció sus patentes de corriente alterna por 50.000 $ y *Edison* las rechazó pensando que se trataba de una broma.

Cableado aéreo sobre Nueva York en 1887 con el sistema de Edison

Ocurriera de una u otra manera, lo que aconteció a continuación fue la dimisión de *Tesla* y la salida de la empresa. Apoyado en una reputación que no había cesado de crecer recibió la oferta de un grupo de inversores para que creara su propia empresa. Así nació la *Tesla Electric Light Company*.

Su primer éxito lo constituyó la iluminación de las calles de Rahway, New Jersey, ciudad en la que estaba ubicada la empresa, gracias a la *lámpara de arco de Tesla* que resultaba más eficiente y económica que las que se usaban entonces.

En 1886 se produjo una gran depresión económica y, debido a que su salario, por mutuo acuerdo, lo recibía en acciones, se encontró en la calle con un montón de títulos, si, pero sin valor. 1886 y 1887 fueron unos de los peores momentos de su vida.

Pero entonces se produjo un giro inesperado. *A. K. Brown*, director de la *Western Union Telegraph Company* se interesó por las nuevas perspectivas que representaba la corriente alterna y respaldó la creación de una nueva empresa, la *Tesla Electric Company*, con la finalidad de desarrollar este tipo de electricidad.

En los años siguientes diseñó y patentó un sinfín de generadores, motores y transformadores. Su sistema de generación, transporte y transformación de corriente alterna estaba a punto. Para cualquier emprendedor con visión de futuro, *Tesla* "era el hombre".

Y así fue como ocurrió. *George Westinghouse* visitó a *Tesla* en su laboratorio y el entendimiento fue completo desde las primeras palabras. *Tesla* recibió 60.000 $ de la compañía *Westinghouse* por cuarenta patentes, entre acciones y dinero en metálico. Recibiría, además, dos dólares y medio por cada caballo de potencia generada gracias a la electricidad que se vendiera.

George Westinghouse hacia 1910

No fue precisamente alegría lo que *Edison* rebosó al tener conocimiento del acuerdo entre *Tesla* y *Westinghouse*. La batalla estaba servida. ¡No, la guerra estaba servida y comenzó en ese preciso instante!

La guerra de las corrientes: Tesla (corriente alterna) versus Edison (corriente continua)

A partir de ese momento *Edison* comenzó una campaña de desprestigio, difamación y propaganda sobre los peligros, ciertos o inventados, de la corriente alterna. ¡Si era necesario provocar accidentes achacables a la corriente alterna se provocarían! El gran público tenía que conocer el riesgo que suponía la corriente alterna frente a la corriente continua o corriente directa, como se la conocía. Había mucho dinero en juego y, lo que no es menos importante, mucho egocentrismo. El objetivo era confundir al gran público y es evidente que se consiguió.

Mientras duró la "guerra" se forjaron alianzas empresariales, se presentaron demandas cruzadas sobre patentes robadas y, a consecuencia de ello, tuvo lugar más de un pleito.

Resultaría anecdótico si estuviera exento de crueldad. *Edison* llegó a pagar 25 centavos a cada niño que le llevara perros y gatos (robados) a los que posteriormente electrocutaba con corriente alterna. Intentaba, de esta manera, transmitir al gran público cual sería su destino si al final la corriente alterna terminaba imponiéndose.

Lógicamente *Tesla* y *Westinghouse* se defendieron pero, contra la "espada" esgrimida por *Edison*, ellos utilizaron la "pluma". Fueron más didácticos. Discursos y artículos contra electrocuciones.

En febrero de 1892, tras una serie de intervenciones financieras de *JP Morgan*, se produjo la fusión de la *Edison Electric Company* y la *Thomson-Houston Company* dando lugar a *General Electric Company* y, tras la tremenda bajada de precios que había provocado para dejar fuera de juego a otras empresas eléctricas, se temió que esta nueva empresa terminara absorbiendo a la *Westinghouse Company*, algo que no llegó a ocurrir pero que precisó de "algunos ajustes". Uno de ellos, la aceptación por parte de *Tesla* a dejar de percibir los *royalties* que venía percibiendo, por sus patentes, en aras de la supervivencia de la empresa. Rompieron, pues, el contrato que les unía pero, eso sí, con el compromiso por parte de *George Westinghouse* de seguir apostando por el sistema polifásico de corriente alterna desarrollado por *Tesla*.

En 1887, la memoria de la *Westinghouse Company* reflejaba que *Tesla* había percibido un total de 216.600 $ a cambio de sus patentes; ahora bien renunció al cobro de millones de dólares que ya había ganado y a las ganancias que podría haber obtenido en el futuro. Si fue un acto de generosidad o de estupidez queda al juicio individual de quien lo analice.

Un hito importante para el mundo de la ciencia tuvo lugar en la primavera de 1893 cuando, en San Luis, *Tesla* expuso con todo detalle los principios de la radiodifusión en el Instituto Franklin de Filadelfia y ante la *National Electric Light Association*. Posteriormente, en 1895, también en esta ciudad *Tesla* llevaría a cabo la primera transmisión radiofónica en público. *Marconi*, dos años más tarde en Londres, realizó una transmisión similar pero no se tardó mucho en comprobar que lo había hecho con el mismo equipo que *Tesla* había utilizado dos años antes.

Receptor de radio inventado por Tesla (1892)

Marconi negó conocer nada del sistema de *Tesla* y podría decirse que éste fue el comienzo de una nueva guerra: *la guerra de la radio.*

Pero sigamos en 1893. Una llamada desde Pittsburgh y la entusiasta voz de *Westinghouse* comunicaron a *Tesla* que su empresa había obtenido la concesión para instalar la central y el equipamiento eléctrico para la Exposición Universal de Chicago de ese año, a la que se conoció como "Exposición Colombina" pues, a pesar de realizarse con un año de retraso, se trataba de conmemorar el cuarto aniversario de la llegada de *Colón* a América. Sería la primera de la historia que dispondría de luz eléctrica. Se trataba por tanto de una gran noticia. La parte negativa para *Tesla* era que debería postergar su investigación sobre la radio, en un momento crucial de la misma.

El día de la inauguración de la exposición, 100.000 bombillas eléctricas iluminaron la "*Ciudad de la Luz*" o "*Ciudad del Mañana*" que, de esta manera, daba la bienvenida a la corriente alterna y a su esperanzador futuro. Ese día *Tesla* comenzó a codearse con la alta sociedad neoyorkina y, de una u otra forma, a formar parte de ella.

Vista iluminada de la Exposición Universal de Chicago (1893)

El *Madison Square Garden* fue testigo en 1898 de una demostración en la que *Tesla* guiaba por control remoto un barco al que había denominado "*teleautómata*". El barco tenía su propia energía motriz y toda una serie de accesorios que se controlaban a distancia y sin cables. *Tesla* intentaba descubrir la manera de transmitir energía de manera inalámbrica y, aunque no llegó a conseguirlo con la magnitud que él pretendía, su "*teleautómata*" se aproximó bastante a ello. Además, en la "*guerra de la radio*", la exhibición fue una prueba de que dos años antes del nacimiento oficial de la radio (atribuido a *Marconi*) *Tesla* había enviado información a un aparato por control remoto.

Barco a control remoto

Otra llamada telefónica de *George Westinghouse*, ésta en octubre de 1893, sirvió para comunicar a *Tesla* que "*la guerra de las corrientes*", como se la denominó, había terminado y que él era el ganador. La Comisión para las Cataratas del Niágara, desoyendo a *Edison* y *Lord Kelvin*, concedió a *Westinghouse* el contrato para fabricar dos generadores en las cataratas del Niágara. Sin duda, en tal decisión había influido sobremanera el éxito de la Exposición Universal de Chicago. La corriente alterna de *Tesla* se imponía, de esta manera, a la corriente continua de *Edison*.

A pesar de ello, para acabar con el enfrentamiento hubo que firmar la paz. *Westinghouse* generaría la electricidad y *General Electric* se encargaría de la distribución entre las cataratas y Buffalo. Tres años más tarde, en 1896, las calles y los tranvías de esta ciudad no sólo se alimentaban de esta electricidad sino que *Westinghouse* puso en funcionamiento siete nuevos generadores, hasta alcanzar los cincuenta mil caballos de potencia y *General Electric* construyó una segunda central de corriente alterna con once generadores.

Según apunta *Margaret Cheney* en la biografía de *Tesla*, "*Nikola Tesla. El Genio al que le robaron la luz*", lo sorprendente de la guerra de las corrientes fue que, de forma parecida a las antiguas guerras de religión, no acabó con el tiempo pues cualquiera que hubiera seguido la campaña publicitaria que *General Electric* lanzó a finales de la década de 1970, en Norteamérica, habría concluido de forma equivocada que sólo ellos habían sido capaces de aprovechar la electricidad del Niágara y que *Tesla* sólo había sido uno de sus inventores.

En 1973, la *"guerra de las corrientes"* dio nombre a una de las más famosas bandas de rock duro, la formada en Australia por los hermanos escoceses *Malcolm* y *Angus Young*: *AC/DC*.

Vista general de la Central Hidroeléctrica de las Cataratas del Niágara hacia 1900

Tesla y los rayos X

Hoy en día, aún permanece la controversia al respecto de si las primeras radiografías efectuadas en EEUU hay que atribuírselas al físico de origen serbio *Michael Pupin* o a *Nikola Tesla*. Veamos el por qué.

A partir de 1890 *Tesla* había experimentado con tubos de vacío, como había expuesto en las conferencias que ofreció entre 1891 y 1893. Cuando en ellas explicaba el funcionamiento de su *"lámpara de bombardeo molecular"* se refería a rayos visibles e invisibles indicando que había utilizado cristales de uranio y diversas sustancias fluorescentes para detectar la presencia de radiaciones.

En el otoño de 1894 escribía: *"no eran pocas las placas en las que se observaban marcas e imperfecciones anómalas"*. Pero cuando se encontraba indagando acerca de la naturaleza de esos fenómenos tuvo lugar el incendio de su laboratorio situado en el *46 East Houston Stre-et* de Nueva York.

Cuando, en el año 1895, *Roentgen* hizo pública la noticia del descubrimiento de los rayos X, *Tesla* le envió aquellas imágenes borrosas a las que él había denominado *"sombragrafías"*. Una de ellas era una fotografía realizada a su amigo *Mark Twain* utilizando la luz emitida por un tubo *Geissler* y que al ser revelada permitió comprobar que no aparecía la imagen de su amigo sino, lo que parecía ser, uno de los tornillos de ajuste de la lente de la cámara. La respuesta de *Roentgen* no se hizo esperar: *"Sus fotografías son realmente interesantes. Quizá no le importe indicarme cómo las obtuvo"*.

A diferencia de otros, como por ejemplo el Nobel de Física *Philipp Lenard*, *Tesla* jamás cuestionó la autoría del descubrimiento de los rayos X. Además, entusiasmado con ellos no dudó en exponer su propia cabeza a este tipo de radiación. *"Con una exposición de entre veinte y cuarenta minutos, no es difícil obtener un contorno del cráneo"*, llegó a escribir.

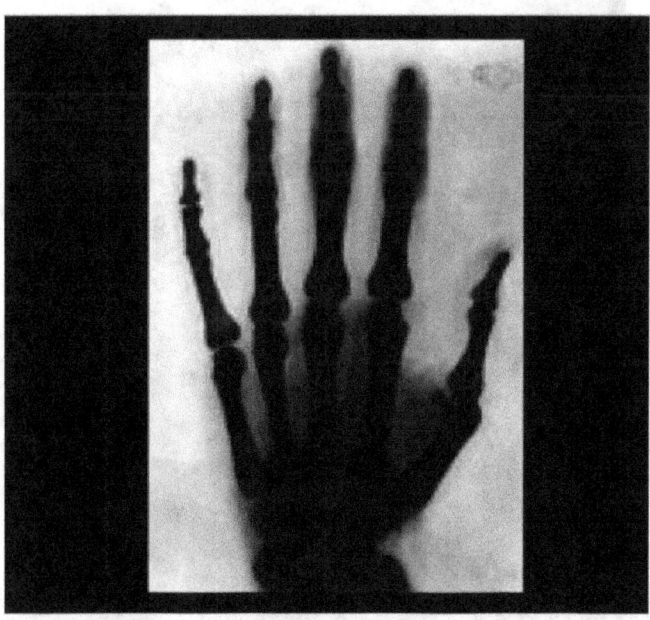

Una de las primeras radiografías de la historia: la mano de Tesla

Posteriormente, describiría detalladamente los efectos que los rayos X producían en sus ojos, cuerpo, manos y cerebro, estableciendo una diferenciación entre lo que él denominaba efectos internos y quemaduras superficiales. Llegó pues a la conclusión de que había que adoptar medidas de protección y así lo expuso en una conferencia pronunciada en la Academia de Ciencias de Nueva York en abril de 1897. En ella, describió la manera de fabricar y manejar con total seguridad un equipo de rayos X.

Su gran ilusión
En un acto sobre la explotación hidroeléctrica de las cataratas del Niágara, *Tesla* había desvelado su sueño más preciado: "*la transmisión de energía eléctrica de una central a otra sin necesidad de recurrir a ningún tipo de cableado*".

¿Estaba loco? ¿Retirar los sistemas de transmisión, recientemente implantados, ahora que empezaban a resultar rentables? Loco o no, ese sueño nunca lo abandonaría.

Tesla ante la bobina de su transformador de alto voltaje

En mayo de 1899 se trasladó a Colorado Springs donde le esperaban sus nuevos laboratorios. Desde ellos pensaba, según comunicó a la prensa, enviar un mensaje, sin necesidad de cables, a París con motivo de la Exposición que al año siguiente se celebraría en la capital del Sena. Por aquel entonces ya había fabricado una bobina capaz de generar cuatro millones de voltios. Lo que pretendía, ahora, era conseguir un voltaje muy superior para que su aparato pudiera transmitir a cualquier punto del planeta.

"Vosotros que aquí entráis, abandonad toda esperanza". La cita, extraída del "Infierno de Dante" adornaba la puerta de entrada al laboratorio. La rumorología, sobre lo que acontecía tras esa puerta, ya disponía de un hilo del que tirar.

Cuando tuvo el equipamiento que precisaba comenzó a simular descargas eléctricas y tormentas. Además empezó a llevar un diario, algo que constituía un cambio importante en su manera de trabajar.

Foto publicitaria de 1899 en la que Tesla aparece sentado en su laboratorio de Colorado Springs "ajeno" a la descarga de millones de voltios que lo rodea

En una de sus investigaciones fue tal el consumo eléctrico que realizó que se produjo un apagón en todo el condado. Como consecuencia de una caída del generador y del incendio de la línea de conducción, dejó a oscuras a la ciudad y a sus sorprendidos habitantes.

Si bien es cierto que llevaba un diario, sólo es posible hacerse una idea aproximada de los trabajos que *Tesla* realizó durante este periodo, pues las anotaciones que realizó no arrojan demasiada luz sobre el asunto. Un halo de misterio envolvía siempre los experimentos que emprendía.

Lo que sí se conoce era su objetivo final: transporte de energía eléctrica sin cables, recepción y transmisión de mensajes y todo lo que tuviera relación con campos eléctricos de alta frecuencia. Ahora bien, todo ello rodeado, como ya hemos indicado, de una cierta aureola de intriga y misterio.

Regresó a Nueva York a mediados de enero de 1900. En ese momento la carrera por las transmisiones de radio de larga distancia parecía señalar a *Marconi* como virtual ganador. Necesitaba financiación urgentemente. En los ocho meses pasados en Colorado había gastado 100.000 dólares.

Guglielmo Marconi en 1908

Lo intentó con *Westinghouse* sin ningún resultado. Probó después con *JP Morgan* al que refirió, únicamente, que había realizado transmisiones con un alcance de más de mil kilómetros y que estaba en disposición de conseguir cruzar el Atlántico y el Pacífico. No le comentó nada acerca del transporte de energía eléctrica sin cables. ¡Mejor no tentar a la suerte! Consiguió 150.000 $ a cambio de ceder a *JP Morgan* el 51% de todas las patentes de radio como aval del crédito.

Retrato de John Pierpont Morgan por Carlos Baca-Flor

Ahora había que buscar el emplazamiento adecuado en el que construir el centro emisor. Un empresario le cedió ochenta hectáreas en Long Island, a algo más de 100 kilómetros de Brooklyn, y allí comenzó a construir la que sería bautizada como *Wardenclyffe Tower*. Una torre de madera, de 57 metros de altura, rematada por una cúpula redondeada, fabricada en metal, de treinta metros de diámetro, con la que transmitiría electricidad, señales, imágenes y música. ¡Internet cien años antes!

Wardenclyffe Tower en 1904

El 12 de diciembre de 1901, *Marconi* logro transmitir la letra "*S*" de costa a costa del Océano Atlántico y lo hizo sin un centro transmisor tan enorme como el que *Tesla* estaba construyendo. Pronto se supo que, para ello, había utilizado la patente de radio más importante de *Tesla*. Pero ello no impidió que la figura de *Marconi* se revalorizara a la par que la de *Tesla* empezaba a cotizar a la baja.

De nuevo, en 1903, *Tesla*, tuvo que regresar a Nueva York en busca de financiación. *Morgan* se negó a adelantarle nuevos fondos. Su respuesta fue regresar a la torre y montar un "espectáculo de rayos y truenos" que se prolongó durante varias noches y que espantó a todo aquel que fue testigo de los fogonazos que iluminaban el cielo en muchos kilómetros a la redonda.

Cuando comenzaron a circular rumores de que *Morgan* había comprado las patentes de radio de *Tesla,* para que no "siguiera jugando", la suerte estaba echada. Fue la señal para que otros inversores pensaran que *Wardenclyffe* era un proyecto mortecino en el que sería una locura invertir.

Volvieron los malos tiempos. Entre otros problemas, le llovieron las demandas por facturas sin abonar. Incluso la electricidad que, años atrás, había consumido en Colorado, y que le habían regalado, se la demandaban, ahora, por vía judicial.

En 1906 dejó de trabajar definitivamente en la torre y, en los años siguientes, la madera y las máquinas fueron vendidas para hacer frente a las enormes deudas que *Tesla* había contraído.

Acababa de entrar en la cincuentena y, aunque en ningún momento dejó de crear y de registrar patentes, de alguna manera la fuerza del inventor empezó a decaer y sus trabajos fueron, a partir de ese momento, mayoritariamente teóricos.

En 1909, para echar más sal en la herida, *Marconi* fue galardonado con el Premio Nobel de Física.

En 1915, cuando ya no pudo afrontar los gastos, traspasó *Wardenclyffe* a la firma hotelera *Waldorf-Astoria, Inc.*

Se ha especulado mucho con que *Tesla* renunció al Nobel de Física ese mismo año. No se sabe a ciencia cierta. De ser así, sería uno de los pocos científicos que lo habría hecho. La Fundación Nobel emitió un comunicado en el que afirmaba que *"carecen de fundamento todos los rumores acerca de que alguien no haya sido galardonado con el Premio Nobel por haber manifestado su intención de no aceptarlo de antemano"*. Varias revistas científicas se habían hecho eco de que el Nobel iba a ser compartido por *Edison* y *Tesla*, pero al final el galardón recayó en los profesores *William Henry Bragg* y en su hijo *William L. Bragg* por sus trabajos con rayos X en la determinación de la estructura de los cristales. Hubiera resultado, cuando menos, curioso ver a los dos "soldados de las corrientes" recogiendo el Premio en Estocolmo.

En plena guerra mundial, y ante los crecientes rumores de que desde la torre se espiaban los movimientos de los barcos aliados y que se enviaban señales a los submarinos alemanes, *Wardenclyffe* fue dinamitada. Era el verano de 1917. Tras vender lo poco que quedaba y pagar a la empresa que realizó la voladura, la compañía propietaria obtuvo un beneficio de 1.750 $.

En esos primeros años del siglo XX todo parecía indicar que el perdedor, por la demolición de *Wardenclyffe*, fue *Tesla*. Pero, con los datos con los que hoy se cuenta, muchos dirían que el verdadero perdedor fue *JP Morgan* pues, de haber continuado con el proyecto, se habría convertido en el gran magnate de la radiodifusión.

A pesar de los fracasos, *Tesla* siempre creyó en la transmisión de energía eléctrica sin cables y en la transmisión de datos. En su opinión, *"el género humano no había evolucionado lo suficiente para prestar atención a la intuición profunda que guía al descubridor en su trabajo"*.

El ocaso de un genio

Curiosamente, el inicio del periodo de entreguerras podría considerarse, también, como el momento en el que la figura de *Nikola Tesla* comienza a desdibujarse. Él seguirá intentándolo. Buscará financiación, inscribirá patentes (velocímetro para automóviles, medidor de flujo, medidor de frecuencia, avión de despegue vertical) pero su mundo empezará a ser más onírico que real.

En 1916 patentó su *"conducto valvular"* que, años después, tan importante sería en el desarrollo de la moderna mecánica de fluidos. Pero, como en tantas otras ocasiones, los beneficios que obtuvo por este descubrimiento fueron más bien escasos.

Por esos mismos años desarrolló el *VTOL*, el avión de despegue y aterrizaje vertical, cuyas solicitudes de patentes no presentó hasta 1921 y 1927, obteniendo el correspondiente registro en 1928 cuando contaba setenta y dos años. Cualquiera que desee revisar los planos de este avión puede hacerlo en el *Museo Nikola Tesla* de Belgrado donde, además, podrá admirar los del denominado *"aeromóvil"*, un vehículo de cuatro ruedas cuyo motor de propulsión le permitía tanto desplazarse por tierra firme como surcar los aires.

B. A. Behrend fue un ingeniero de gran prestigio que consideraba ofensivo que a *Tesla*, pese a los grandes avances conseguidos gracias a sus patentes, no se le hubiera concedido, todavía, la *Medalla Edison*. Y, sin pensárselo dos veces, se lanzó de cabeza a una muy difícil tarea. Porque si difícil podía resultar convencer a los miembros de la *AIEE* (Instituto Americano de Ingenieros Eléctricos) para que propusieran a *Tesla*, convencer a éste para que aceptara sería una labor de titanes, por no decir un milagro.

Finalmente, convencer a los miembros del comité no resultó tan difícil como *Behrend* había supuesto. Convencer a *Tesla* fue "harina de otro costal". *"Vamos a olvidarnos del asunto, señor Behrend —le comentó—. Aprecio en lo que vale su buena disposición y su amistoso gesto, pero le agradecería que fuera a ver al comité y le pidiera que buscase otro candidato [...] Hace casi treinta años que presenté mi campo magnético rotatorio y el sistema de corriente alterna en el Instituto. Me doy por satisfecho con tal honor. No estaría de más distinguir a otra persona".*

Pero *Behrend*, consciente de los difíciles momentos que *Tesla* estaba atravesando, sabía que el inventor necesitaba la condecoración y no se dio por vencido. *"Lo que me propone —le dijo Tesla— es que acepte como distinción una medalla que luciré en la solapa de la levita, con la que pasearé muy ufano durante cosa de una hora entre los miembros e invitados del Instituto al que pertenece. Simularán que me dispensan un honor, que no será sino un aderezo, porque seguirán sin reconocer mis ideas ni los frutos que han alumbrado, auténticos pilares de esa institución. Y aunque se tomasen la molestia de representar la vacua pantomima de conceder una distinción a Tesla, en realidad, no me estarían rindiendo un homenaje a mí, sino a Edison que, de modo inmerecido, ha compartido la gloria de todos los que han recibido la medalla".*

Behrend no se rindió y su insistencia acabó por convencer a *Tesla*. Él también sabía que necesitaba la distinción.

Medalla Edison otorgada por la AIEE a Nikola Tesla en 1916

La noche de la entrega de la Medalla Edison 1916, en el Club de Ingenieros, tras la cena y antes de que se produjeran los discursos, *Tesla* desapareció. Se le buscó en los aseos, en las dependencias del Club e incluso en el *Hotel St. Regis* en el que se alojaba, pero todo ello sin resultado positivo. *Behrend*, que conocía sus costumbres, se acercó entonces al parque *Bryant* y encontró a *Tesla* cubierto de palomas de la cabeza a los pies, comiendo de sus manos. Cuando terminó, se sacudió las plumas de la ropa y accedió a regresar para recibir el homenaje que, en su honor, se había organizado.

Una vez allí y tras toda una serie de discursos elogiosos respecto a su figura llegó el turno de *Tesla*. Esto fue lo que dijo referido a su "colega" *Edison*: "*Un hombre excepcional, que sin formación teórica ni recursos de otra clase, gracias a su aplicación y constancia, llegó a ser lo que fue por sus propios medios, con los magníficos resultados que todos conocemos...*" ¿Había ironía en sus palabras o se dejó llevar por la emoción del momento?

1917 fue el año en el que EEUU decidió intervenir en la 1ª Guerra Mundial. Preocupado por el conflicto armado y la posibilidad de detectar a los submarinos, *Tesla*, como ya se comentó en el capítulo dedicado a la radiología y la radioterapia en el *periodo de entreguerras*, hizo las primeras formulaciones que servirían para que, un par de décadas después, vieran la luz los primeros radares. El mérito final se atribuyó al científico inglés *Robert A. Watson-Watt*, en 1935.

Dos años después, en 1919, vio la luz lo que bajo el título "*Mis inventos*" era una autobiografía del hombre que, casi treinta años antes, había revolucionado la industria de la energía eléctrica con ayuda de todas las patentes que permitían el transporte de corriente alterna. En una serie compuesta de seis entregas apareció, también, publicada en la revista *The Electrical Experimenter*.

Coincide que en esos años, *Tesla*, ya había caído en la cuenta de la brecha que lo separaba de una nueva generación de físicos atómicos que se agrupaban en torno a la *Sociedad Americana de Física* y que no sabían hablar nada más que de *Einstein* y de su reciente *Teoría de la Relatividad General*. *Tesla* siempre rechazó de plano esta teoría, así como las discusiones en las que estos nuevos físicos contraponían ondas y partículas. Siempre pensó, y defendió, que toda la materia provenía de una sustancia primigenia, el éter luminiscente, y siempre mantuvo que tanto los rayos cósmicos como las ondas de radio se desplazaban a una velocidad mayor que la de la luz.

Aunque *Wardenclyffe* era sólo un recuerdo, en 1920 volvió a intentar, aunque sin éxito, convencer a los ejecutivos de *Westinghouse* de las ventajas de su sistema de transmisión sin cables. La respuesta de la multinacional, habida cuenta de los beneficios que había obtenido con las patentes de *Tesla*, fue realmente humillante. Le proponía trabajar, para ellos, como locutor en un sistema de radiodifusión que iban a instalar en New Jersey. Hubiera resultado mucho más cortés haberse ahorrado la propuesta.

Tras haber sido investido como *Doctor Honoris Causa* por la Universidad de Zagreb unos meses antes, 1927 pudo haber sido su gran año. *Francis A. Fitzgerald*, amigo de Tesla desde los tiempos de las cataratas del Niágara, en un intento por ayudarle se puso en contacto con la Comisión Canadiense de la Energía Eléctrica para que ésta financiase el histórico proyecto de transporte de electricidad sin cables. No lo fue. Seguramente, no habría más oportunidades.

También, en aquellos años, se rumoreó que *Tesla* había desarrollado lo que se vino en denominar "*el rayo de la muerte*". Se trataba de un potente haz de partículas respecto del cual *Tesla*, en contra de lo que en él era habitual, no realizó ningún comentario. Los realizaría, y de que manera, unos años después.

Una curiosidad de este genio de la electricidad es que *Tesla* nunca había celebrado sus cumpleaños. De hecho, nacido en la medianoche de un 9 y un 10 de julio, no hubiera tenido claro que día celebrarlos. Pero algo cambió a finales de los años veinte. Como si quisiera resarcirse de todas las fiestas no celebradas, a partir de ese año cada 10 de julio, como en una especie de rito por todo lo alto, recibía en su habitación a amigos, periodistas y fotógrafos. Todos ellos expectantes pues sabían que serían testigos de la primicia de un próximo invento o de alguna nueva predicción.

En 1931, año en el que *Thomas Alva Edison* falleció, Tesla cumplió setenta y cinco años. Con motivo de su septuagésimo quinto cumpleaños *Swezey*, un divulgador científico amigo de Tesla, le organizó una fiesta muy especial. Se puso en contacto con ingenieros y científicos de renombre, de todo el orbe, y les pidió que enviaran unas palabras de felicitación. La respuesta fue un aluvión de cartas que no eran sino cálidos homenajes al inventor. Varios de los remitentes eran premios Nobel. Tampoco faltaron los de varios presidentes del *American Institute of Electrical Engineers* ni los de destacados miembros del mundo de la radiodifusión.

Tesla en la portada de la revista Time en 1931

Robert Millikan, rememorando una conferencia pronunciada por *Tesla* a la que había asistido veinticinco años atrás, le escribió lo siguiente: "*A lo largo de los años que llevo dedicado a la investigación, nunca he dado un solo paso sin recurrir a los principios que escuché aquella noche, de forma que no sólo deseo felicitarle, sino que le ruego tenga a bien aceptar mi gratitud y mi respeto hasta más allá de lo imaginable*".

Arthur H. Compton le reconocía su magisterio con estas cálidas palabras: "*Es precisamente gracias a hombres de su talla, que escudriñaron los secretos de la naturaleza y nos enseñaron cómo aplicar las leyes que los gobiernan a la hora de resolver problemas de la vida diaria, con quienes nosotros, los más jóvenes, hemos contraído una deuda impagable...*".

Incluso *Albert Einstein*, que siempre había dado la sensación de estar al margen de los hallazgos e inventos de *Tesla*, envió una tarjeta en la que felicitaba al inventor por sus descubrimientos en el campo de las altas frecuencias.

W. H. Bragg, quien en 1915 había sido galardonado con el Nobel que algunos daban por sentado que iría a parar al dúo *Edison-Tesla*, le recordaba en su felicitación las conferencias del pasado: "*Nunca olvidaré la huella que dejaron en nosotros sus conferencias que, por su elegancia e interés, nos parecieron tan deslumbrantes como reveladoras*".

Cuando el joven divulgador le entregó los mensajes, encuadernados, *Tesla* comentó que no concedía ninguna importancia a los cumplidos de personas que, durante toda su vida, le habían criticado. Pero *Swezey* se dio cuenta de que, en el fondo, *Tesla* estaba encantado.

El 6 de septiembre de 1932, durante el *American Congress of Physical Therapy*, el doctor *Gustave Kolischer* del Hospital Monte Sinaí anunció que "*habían observado resultados muy esperanzadores en el tratamiento del cáncer mediante la aplicación de corrientes eléctricas de alta frecuencia*". Ni que decir tiene que fue una buena noticia para *Tesla*, tan necesitado de ellas. Se trataba de uno de sus inventos: los "*osciladores vibracionales eléctricos*" con fines terapéuticos.

Una de las ideas más "polémicas" de Tesla, en aquellos años, fue lo que muchos han denominado "*el rayo de la muerte*". El nombre nunca gustó a Tesla, y ello por dos razones. En primer lugar porque, según él, no se trataba de radiación sino de un haz de partículas cargadas y en segundo lugar, porque lo consideraba un arma defensiva.

Obsesionado con esta idea, *Tesla* solicitó financiación a *JP Morgan Junior* y lo hizo de esta manera: "*Los dirigibles han desmoralizado al mundo entero, hasta el punto de que en algunas ciudades, como París o Londres, los ciudadanos están aterrados ante la posibilidad de un bombardeo desde el aire. Con el invento que estoy perfeccionando queda garantizada una protección absoluta contra ésta y otras posibles formas de ataque...*" "*...Ya no soy el soñador de antaño, sino un hombre que, tras vivir muchas y amargas experiencias, ha aprendido a ser práctico*". Tras la negativa de *Morgan* lo intentó, como tantas otras veces a lo largo de su vida, con *Westinghouse* del que obtuvo la misma respuesta. Llegó incluso a realizar un ofrecimiento público a todos los países de la Tierra pues afirmaba que, si todos la poseían, se convertiría en un arma defensiva ya que nadie estaría dispuesto a utilizarla por el riesgo de destrucción mutua que ello supondría.

Nikola Tesla a los 79 años

En 1937 falleció *Guglielmo Marconi*, el ingeniero, inventor y empresario italiano con el que había mantenido una encarnizada batalla legal, a lo largo de media vida, por las patentes que posibilitaron el nacimiento de la radiodifusión.

Ese mismo año *Tesla* fue investido *Doctor Honoris Causa* por la Escuela Politécnica de Graz (Austria) y por la Universidad de París.

Poco tiempo después, en uno de sus habituales paseos nocturnos para dar de comer a las palomas y a escasas manzanas de su hotel, un taxi le atropelló. Rechazó que lo viera un médico y pidió ser llevado a la habitación de su hotel desde la que, aún con la conmoción del golpe, telefoneó a una empresa de mensajería para que uno de sus empleados diera de comer a las palomas del parque *Bryant* y de la catedral de San Patricio. Se había fracturado tres costillas y lesionado la columna.

Al año siguiente, el gobierno de Yugoslavia suscribió, con algunos ciudadanos a título individual, un compromiso por el que *Tesla* pasaría a percibir, a partir de ese momento, una cantidad de 600 $ mensuales. Fue, sin duda, una gran ayuda para pasar los últimos años de su vida.

Tesla en el billete de 100 dinares de la antigua República de Yugoslavia

Cumplidos y superados los ochenta años, seguía esperando con verdadera emoción cada próximo cumpleaños. Cada 10 de julio, ante sus amigos de la prensa, seguía "vapuleando" las ideas de *Einstein*, reivindicando a *Newton* y, como no, ofreciendo algún pequeño adelanto de sus teorías sobre el cosmos.

En 1938, debido a una neumonía que se le complicó tras el accidente del año anterior, no pudo asistir a la cena que, en su honor, organizó el Instituto para el Bienestar de los Inmigrantes. En el discurso que envió elogiaba, por encima de todo, a *George Westinghouse*: "*un hombre con quien la humanidad ha contraído una impagable deuda de gratitud*". *Westinghouse* había fallecido en 1914 pero, si hubiera estado vivo, debería haber sido él quien realizara esta glosa de *Nikola Tesla*.

A finales de 1942, su estado de salud empeoró sensiblemente. El 4 de enero de 1943 acudió a su oficina para realizar un experimento pero tuvo que dejarlo a medias, al sentir unos repentinos y agudos dolores en el pecho. Como en ocasiones anteriores, se negó a que lo visitara un medico y fue trasladado al *New Yorker Hotel* de Manhattan, en cuya habitación 3.327 llevaba varios años residiendo. Una vez allí, indicó a la camarera que colgase en la puerta el cartel de "no molestar". Cuatro días después, a pesar de que el cartel seguía en la puerta, la camarera decidió entrar en la habitación. Tesla yacía en la cama con el rostro demacrado pero con gesto sereno. Había fallecido. La hora de la muerte fue establecida entre las diez y las doce de la noche del 7 de enero y la causa, una trombosis coronaria. Tenía 86 años.

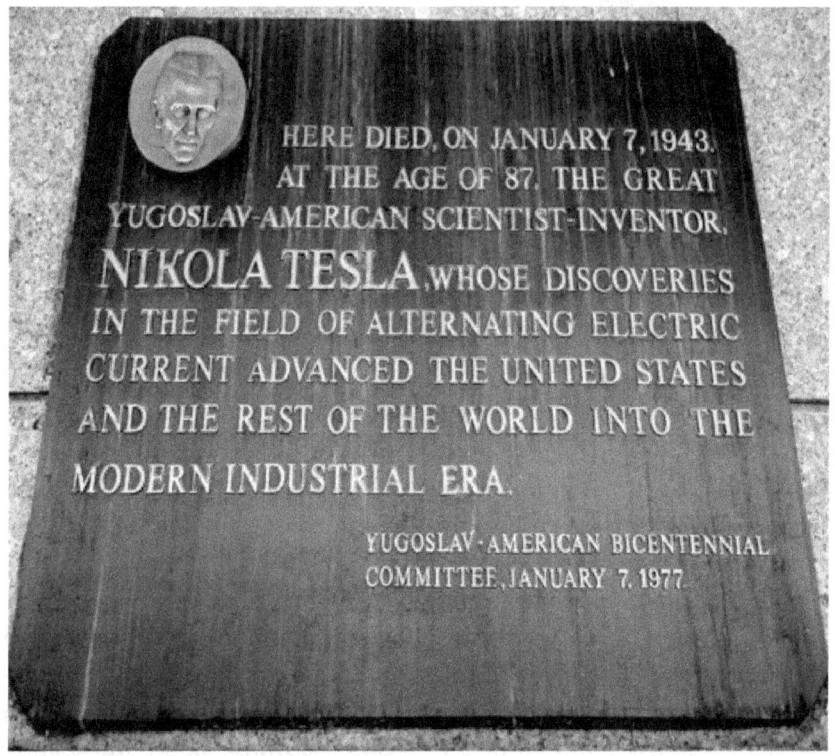

Placa que recuerda el lugar en el que falleció Nikola Tesla

El funeral se celebró el día 12 de enero. A las cuatro de la tarde la catedral de San Juan el Divino se encontraba atestada. Asistieron más de dos mil personas. Dadas las diferencias políticas entre croatas y serbios, en la homilía, oficiada en inglés, no hubo ninguna alusión política. Entre los asistentes, pertenecientes a los más variados ámbitos de la cultura, la ciencia y la política, no faltaron representantes de *General Electric* y *Westinghouse*.

Tras la ceremonia religiosa, su cadáver fue conducido al cementerio de Ardsley-on-the-Hudson donde fue incinerado. Posteriormente, sus cenizas fueron enviadas a su tierra natal.

El Presidente *Roosevelt* expresó su gratitud a *Tesla* por *"su contribución a la ciencia y a la industria de nuestra nación"*. Los Premios Nobel de Física, *Robert Andrews Millikan, Arthur Holly Compton* y *James Frank,* redactaron una carta a modo de homenaje en la que aseguraban que *Tesla "había poseído una de las mentes más privilegiadas que había conocido el mundo, desbrozando el camino para muchos de los más importantes avances tecnológicos de la era moderna"*.

Funeral de Nikola Tesla en 1943

Ocho meses después del fallecimiento el Tribunal Supremo de EEUU dictó una sentencia según la cual la autoría de la radio recaía en *Nikola Tesla*, en detrimento de *Guglielmo Marconi*. No faltó quien sugirió que la sentencia pudo deberse, más que a reconocer la autoría de *Tesla* sobre las patentes de la radio, a evitar la demanda que *Marconi* había iniciado contra el gobierno norteamericano por utilizar su radio durante la guerra. Sea como fuera, finalizaba así la batalla judicial que había mantenido "entretenidos" a estos dos grandes inventores a lo largo de varias décadas.

No obstante, a pesar de la sentencia, todavía hoy son muchos los libros y las personas que siguen atribuyendo el descubrimiento de la radiodifusión a *Marconi*.

En 1975, setenta años después de que se instituyese la Medalla Edison, el *Institute of Electrical and Electronics Engineers* (*IEEE*) creó el *Premio Nikola Tesla*, dirigido a reconocer las aportaciones que personas o grupos puedan realizar en el campo de la energía eléctrica.

Una vez más, *Edison* y *Tesla* volvían a encontrarse.

Enigmas sin resolver

La personalidad de *Tesla*, el que no dejara notas sobre muchas de sus investigaciones, algunas de sus patentes, el no pertenecer a ninguna sociedad científica que le sirviera de aval y todos esos anuncios, mucho de ellos extravagantes, que realizaba en sus "fiestas periodísticas" contribuyeron, en gran manera, a que su muerte dejara todo un reguero de enigmas sin resolver.

Desde el punto de vista científico, dos son los más importantes. El primero de ellos tiene que ver con la transmisión de energía sin cables utilizando la Tierra como conductor. ¿Es ello posible en la forma en que él lo había planteado? Y ¿hasta donde llegó en sus investigaciones con el "rayo de la muerte"?, sería el segundo de ellos.

Seguramente, si el *FBI* y otras personas e instituciones no hubieran estado interesados en su herencia documental, estas preguntas habrían carecido de sentido o cuando menos no habrían adquirido la relevancia que fueron tomando con el paso del tiempo. Pero precisamente la intervención del *FBI*, requisando toda la documentación que *Tesla* guardaba en el momento de su muerte, plantea otra pregunta que, por no aclarada, ha dado pie a multitud de especulaciones y teorías conspirativas: ¿qué documentación buscaban o en qué documentos estaban interesados los organismos de inteligencia estadounidenses?

El *FBI* requirió la presencia de *John G. Trump*, ingeniero eléctrico asesor del Comité de Investigación para la Defensa Nacional, para revisar los documentos científicos que habían sido requisados. La función de *Trump* consistía, exclusivamente, en dilucidar si la documentación incautada había servido para realizar algún tipo de sabotaje en la guerra en la que, en ese momento, estaba inmerso el mundo.

Estas fueron las conclusiones del *Dr. Trump*:"*He de señalar que en mi opinión, entre los documentos y objetos propiedad del señor Tesla, no he descubierto apuntes científicos ni descripciones de métodos o aparatos que no conozcamos y que pudieran tener especial importancia para nuestro país o constituir un riesgo caso de caer en manos de nuestros enemigos. No veo, pues, razones técnicas ni militares para que tales documentos sigan precintados(...) En ningún modo pretendo desacreditar a tan eminente ingeniero y científico, cuyas más importantes aportaciones en al campo de la electricidad datan de principios de este siglo, pero tanto sus ideas como sus proyectos, al menos durante los últimos quince años de su existencia, eran de índole especulativa, filosófica y, si se me permite añadir, de autocomplacencia, sobre todo en lo que se refiere a la transmisión de energía sin necesidad de cables, y no hay dato alguno que permita suponer que hubiera desarrollado principios o métodos fundamentados para alcanzar sus objetivos*".

Entre los documentos revisados por *Trump* figuraba una carta, de 1940, dirigida a *Westinghouse* en la que explicaba un método para la transmisión de enormes cantidades de energía a muy largas distancias utilizando las vibraciones de la corteza terrestre; un informe en el que *Tesla* describía "*un nuevo procedimiento para la generación de rayos, o radiaciones, muy potentes*", y un escrito sin fecha en el que realizaba una descripción de "*un método electrostático para producir elevados voltajes y grandes cantidades de energía*", presumiblemente un acelerador de electrones.

El *FBI* dio por finalizada la investigación de los documentos de *Tesla* ese mismo año, 1943. Pero, en 1957, fue reabierta ante los rumores de que se estaba utilizando un "*transmisor Tesla*" para establecer comunicación con otros planetas y con naves espaciales procedentes de los mismos. Tras comprobar que "no había nada concluyente", el *FBI*, dio por cerrada la investigación.

Durante años circularon rumores de que algunos inventos de *Tesla*, así como alguna de sus ideas no patentadas, habían sido utilizados tanto por las Fuerzas Armadas de EEUU como por el Ejército de la URSS. Nada de ello se ha podido demostrar.

Quien a día de hoy quiera contemplar los documentos originales de *Tesla*, o por lo menos los que Estados Unidos entregó a Yugoslavia en

1952, puede hacerlo en el Museo Tesla de Belgrado. Allí podrá encontrar, entre otros, el *motor de inducción*, el *transmisor amplificador*, los *tubos de iluminación* y los *barcos teledirigidos*.

Fachada principal del Museo Tesla en Belgrado

Tras una década de olvidos, el centenario de su nacimiento, en julio de 1956, relanzó la figura de *Tesla* a nivel internacional, tanto en Europa como en EEUU. Universidades, Sociedades Científicas y Museos organizaron actos conmemorativos. También las Cataratas del Niágara se sumaron a las celebraciones. A partir de ese año el interés por su figura y por sus trabajos no ha parado de crecer.

La *Comisión Electrónica Internacional*, en las reuniones celebradas en Múnich el 29 de junio y el 7 de julio de ese año, decidió proponer que se denominara *"tesla"* a la unidad de inducción magnética. La propuesta sería ratificada unos años después durante la *11ª Conferencia General de Pesas y Medidas*, celebrada en París del 11 al 20 de octubre de 1960.

Nikola Tesla sumaba, así, su nombre al de otros prestigiosos personajes de la historia de la física y la electricidad como el físico, filósofo y matemático inglés *Isaac Newton*, el físico-químico inglés *Michel Faraday*, el matemático y físico francés *André Marie Ampère*, el físico alemán *Georg Simon Ohm*, el también físico alemán *Heinrich Rudolf Hertz*, el físico y matemático británico *William Thomson* (*Lord Kelvin*) o el físico italiano *Alessandro Volta*.

Se trataba, sin duda, de un reconocimiento merecido por el que, de alguna manera, pasaba a ocupar un lugar destacado en el "templo de la ciencia".

Edison, en cierta ocasión, se había referido a *Tesla* indicando *"que era un sujeto que siempre estaba a punto de hacer algo"*. Al margen de la intención con la que la frase fue dicha, se trata de una verdad a medias. Es cierto que muchas de las ideas que lanzó, sobre todo en la segunda parte de su vida, fueron meramente propagandísticas para no caer en el olvido. Pero sus aportaciones, a las que nos hemos venido refiriendo a lo largo de todo el capítulo, no dejan lugar a dudas de su capacidad e inteligencia.

Son muchas las frases que se han utilizado para describir a *Nikola Tesla*. Dan título a artículos, libros, ensayos y biografías: *"El genio que iluminó el mundo"*, *"el genio al que robaron la luz"*, *"el hombre que cambió el mundo"*, *"el padre del futuro"*… Cualquiera de estas expresiones describe perfectamente la figura de *Nikola Tesla*.

ANEXO II

GLOSARIO DE TÉRMINOS

Acelerador de partículas: Aparato electromagnético que imprime gran velocidad (comunica energía cinética) a partículas elementales con objeto de desintegrar el núcleo de los átomos que bombardea.

Activación: Proceso de conversión de un material estable en radiactivo por bombardeo con neutrones, protones u otro tipo de radiación nuclear.

Actividad: Magnitud física que mide el número de transformaciones nucleares espontáneas que se producen por unidad de tiempo en un radionucleido. La unidad es el becquerelio.

ALARA: Acrónimo de la expresión inglesa *As Low As Reasonably Achievable* (tan bajas como sea razonablemente posible).

Aniquilación/Aniquilamiento: Fenómeno que se produce al entrar en contacto una partícula elemental y su antipartícula correspondiente (por ejemplo, un protón y un positrón) y que da lugar a la transformación de la masa de ambas partículas en fotones de radiación y en otros pares partícula-antipartícula.

Ánodo: En Radiodiagnóstico, electrodo positivo en el que se genera la radiación X cuando chocan y/o son frenados en él los electrones acelerados que se han producido en el cátodo del tubo de rayos X.

Arco eléctrico/Arco voltaico: Descarga eléctrica que se produce entre dos electrodos sometidos a una diferencia de potencial y colocados en una atmósfera gaseosa.
Para iniciar un arco hay que poner en contacto, brevemente, los extremos de los dos electrodos y pasar una corriente intensa (unos 10 amperios) a través de ellos. Esta corriente provoca un gran calentamiento en el punto de contacto y, al separarse los electrodos, se forma entre ellos una descarga luminosa similar a una llama. Con

anterioridad a la invención de la lámpara incandescente se utilizó como fuente de luz.

Atenuación: Disminución de la intensidad de un haz de rayos X o rayos gamma, por dispersión y absorción, al atravesar la materia.

Átomo: Porción más pequeña de la materia que puede participar en una reacción química. Está constituido por un núcleo central, formado por neutrones y protones, y por un conjunto de electrones orbitando alrededor de él.

Becquerelio: Unidad de actividad en el Sistema Internacional. Corresponde a una desintegración por segundo.

Blindaje: Cualquier material que se interponga entre una fuente de radiación y las personas para atenuar el número de partículas y/o fotones y prevenir que dichas radiaciones produzcan daño a las personas.

Bobina eléctrica: Llamada también inductor, es un componente pasivo del circuito eléctrico que incluye un alambre aislado, el cual se enrolla en forma de hélice. Genera un flujo magnético cuando se hace circular por ella una corriente eléctrica.

Bobina Tesla: Es un tipo de transformador patentado por *Nikola Tesla* en 1891. Constituida por espiras de cobre permite transformar enormemente una pequeña cantidad de energía al multiplicar ésta por el número de espiras que tenga la bobina.

Bomba de cobalto: Equipo para radioterapia en el que se utiliza la radiación gamma emitida por una fuente intensa de cobalto-60 que se contiene dentro del propio equipo.

Braquiterapia: Radioterapia en la cual los isótopos radiactivos encapsulados (iridio-192, cesio-137, etc) se colocan en el interior o en la proximidad de la zona que requiere ser tratada y son retirados una vez finalizado el tratamiento. También se la denomina curiterapia.

Bucky: Parrilla o rejilla antidifusora. Dispositivo que, colocado entre el paciente y el receptor de imagen, absorbe radiación dispersa con lo que se consigue mejorar la calidad de la imagen radiológica obtenida.

Cadena de desintegración: Serie de radionucleidos en la que cada miembro se transforma en el siguiente, mediante desintegración radiactiva, hasta llegar finalmente a un núcleo estable.

Campo magnético giratorio o rotativo: Campo magnético que es generado a partir de una corriente eléctrica trifásica y rota a una velocidad uniforme. Fue descubierto por *Nikola Tesla* en 1885 y es el principio en el que se fundamenta el motor de inducción o de corriente alterna.

Carga eléctrica: Propiedad física intrínseca de algunas partículas subatómicas (protones y electrones) que se manifiesta mediante fuerzas de atracción y repulsión entre ellas.

Cátodo: Electrodo negativo del tubo de rayos X que al ponerse incandescente (efecto termoiónico) libera los electrones que, una vez acelerados por una diferencia de potencial entre los dos electrodos, chocarán o serán frenados en el ánodo y darán lugar a la formación de radiación X.

Central Nuclear: Central de producción de electricidad en la que la energía eléctrica se genera por transformación de energía térmica, obtenida a su vez de una reacción de fisión nuclear en cadena en uno o varios reactores nucleares.

Ciclotrón: Acelerador de partículas de trayectoria circular usado para el bombardeo del núcleo de los átomos con lo que se producen transmutaciones y radiactividad artificial.

Cobalto-60: Isótopo radiactivo del cobalto con un periodo de semidesintegración de 5,27 años que se utiliza, entre otras aplicaciones, como fuente de radiación en radioterapia médica.

Combustible nuclear: Material fisionable del que es posible extraer rápidamente el calor producido en su interior generado por una reacción nuclear en cadena.

Contaminación radiactiva: Presencia indeseable de sustancias radiactivas en una superficie cualquiera o en una persona.

Corriente alterna: Corriente eléctrica en la que la magnitud y el sentido varían cíclicamente. La dirección del flujo de electrones cambia a intervalos regulares o ciclos.

Corriente continua: Flujo continuo de carga eléctrica (electrones) a través de un conductor entre dos puntos de distinto potencial, que no cambia de sentido con el tiempo.

Curio: Cantidad de radiación emitida por un gramo de radio. Antes de ser sustituida por el becquerelio se la consideró la unidad de actividad radiactiva.

Decaimiento radiactivo: Proceso en el que un núcleo inestable se transforma en uno más estable emitiendo partículas y/o fotones y liberando energía durante el proceso. Una sustancia que experimenta este fenómeno espontáneamente se denomina sustancia radiactiva.

Desintegración radiactiva: Proceso espontáneo por el cual átomos de núcleos inestables disipan su exceso de energía emitiendo una partícula, capturando un electrón orbital o fisionándose.

Diagnóstico por Imagen (Radiodiagnóstico): Rama de la medicina en la que, utilizando diferentes agentes físicos y sus propiedades, se obtienen imágenes del interior del cuerpo humano con fines diagnósticos y/o terapéuticos. Incluye diferentes modalidades como la radiología, la resonancia magnética, los ultrasonidos, la radioterapia y la medicina nuclear.

Dispersión: Cambio de dirección que sufre la radiación X al interaccionar con la materia debida al Efecto Compton.

Dosimetría: Técnica para determinar la dosis de radiación absorbida.

Dosímetro: Dispositivo, instrumento o sistema que puede utilizarse para medir o evaluar la dosis absorbida.

Dosis absorbida: Cantidad de energía cedida por la radiación ionizante a la materia por unidad de masa.

Dosis efectiva: Magnitud que se obtiene de multiplicar la dosis equivalente por un factor que tiene en cuenta la sensibilidad de los órganos a la radiación.

Dosis equivalente: Magnitud que se obtiene de multiplicar la dosis absorbida por un factor que depende del tipo de radiación, para así tener en cuenta el daño que producen los distintos tipos de radiaciones ionizantes.

Efecto Compton: Aumento de la longitud de onda de un fotón de rayos X cuando choca con un electrón libre y pierde parte de su energía. En la interacción el fotón cambia de dirección (dispersión). Es el responsable de la radiación dispersa.

Efecto fotoeléctrico Consiste en la emisión de electrones por parte de un material al impactar sobre él fotones de radiación electromagnética (rayos X, radiación gamma). En el choque, la energía del fotón incidente es absorbida. Este efecto es el responsable de la atenuación del haz de rayos.

Electrón: Partícula subatómica, situada en órbitas alrededor del núcleo, cargada negativamente y cuya masa es despreciable comparada con la del protón y la del neutrón.

Electrón voltio (eV): Unidad de energía que corresponde a la energía cinética adquirida por un electrón cuando se le acelera con una diferencia de potencial de 1 voltio. (1 eV = 1.6 x10-19 J).

Elementos artificiales: Elementos químicos producidos mediante transmutaciones provocadas por el hombre (americio, californio, tecnecio, ununio, etc).

Energía nuclear: Energía contenida en los núcleos de los átomos, que se libera en una reacción nuclear, como fisión, fusión o desintegración radiactiva.

Enriquecimiento: Proceso que permite aumentar en un mineral la concentración de un isótopo determinado de un elemento. Por ejemplo, el uranio del combustible nuclear se enriquece para aumentar el porcentaje del isótopo 235U desde el 0.7% natural al 3-5% necesario para el funcionamiento del reactor.

Espectro electromagnético: Conjunto de todas las radiaciones electromagnéticas. La más conocida es la luz visible, sin embargo las ondas de radio, las microondas, los rayos X, la radiación gamma...son otros tipos de radiación electromagnética que, a pesar de tener la misma naturaleza, se diferencian entre si por la frecuencia de la onda y, por ello, por su energía.

Exposición (irradiación): Acción y efecto de someter a un material, objeto u organismo a radiaciones ionizantes.

Factores de exposición: En radiodiagnóstico se denomina así a los diferentes parámetros que intervienen en la formación del haz de rayos X (diferencia de potencial, intensidad de corriente y tiempo).

Física nuclear: Rama de la física que estudia las propiedades y el comportamiento de los núcleos atómicos.

Fisión nuclear: Reacción nuclear consistente en la división de un núcleo pesado en dos partes (raramente en más), llamados productos de fisión, cuyas masas son del mismo orden de magnitud. Puede producirse espontáneamente, pero en general es provocada por absorción de rayos gamma o por un neutrón incidente con una determinada energía, y viene acompañada habitualmente de emisión de neutrones y de radiaciones gamma, y de la liberación de una importante cantidad de energía.

Fluoroscopia: Técnica de imagen utilizada en medicina para obtener imágenes en tiempo real de las estructuras internas de los pacientes mediante el uso de un fluoroscopio.

Fluoroscopio: Aparato de rayos X que proporciona imágenes dinámicas del interior del cuerpo. Los equipos actuales constan de una pantalla fluorescente acoplada a un intensificador de imágenes y a una cámara de video lo que permite que las imágenes sean grabadas y reproducidas en un monitor.

Fotón: Cuanto o partícula elemental de energía electromagnética. No tiene carga y carece de masa en reposo. Cada fotón posee y transporta una cantidad de energía que es proporcional a la frecuencia de su onda.

Fuente/Fuente radiactiva: Equipo o sustancia capaz de emitir radiaciones ionizantes.

Fuente encapsulada: Fuente con sustancias radiactivas envueltas de material inactivo que evita, en condiciones normales, la dispersión del material radiactivo. Ej: Co-60.

Fuente no encapsulada: Fuente que permite la dispersión de la sustancia radiactiva. Implica riesgo de irradiación y contaminación. Ej: I-131.

Fusión nuclear: Reacción nuclear por la que núcleos atómicos ligeros se unen, produciendo otros más pesados y liberando gran cantidad de energía.

Generador eléctrico: Es un dispositivo capaz de mantener una diferencia de potencial eléctrica entre sus dos bornes o terminales transformando la energía mecánica en energía eléctrica. Dicha transformación se consigue por la acción de un campo magnético sobre los conductores eléctricos. La corriente generada es corriente alterna pero puede ser rectificada para obtener corriente continua.

Generador de rayos X: Dispositivo que proporciona la energía que necesita el tubo de rayos X. Contiene un rectificador de corriente, un transformador de alta tensión y un transformador de baja tensión.

Haz de radiación: Conjunto de fotones de la misma naturaleza (haz de rayos X, haz de rayos γ, haz de luz visible, etc).

I.C.R.P.: Comisión Internacional de Protección Radiológica. Organismo dedicado al estudio de los efectos de las radiaciones ionizantes y del riesgo que puede implicar su utilización en actividades diversas. Se encarga de elaborar recomendaciones, modificables a la luz de los conocimientos que se tienen en cada momento, que frecuentemente son usadas por los distintos países para establecer sus propias legislaciones.

Instalación radiactiva: Cualquier local, laboratorio o fábrica en el que se manipulan, tratan, almacenan o producen materiales radiactivos. También los aparatos productores de radiaciones ionizantes y, en general, cualquier clase de instalación que contenga un emisor de radiación ionizante. De acuerdo con esta definición, una sala de rayos X es una instalación radiactiva.

Interferómetro: Instrumento óptico que emplea la interferencia de dos ondas de luz, es decir la resultante de la fusión de dos ondas, para medir con gran precisión longitudes de onda de la misma luz.

Ion: Átomo o molécula que ha perdido o ganado uno o varios electrones. No es eléctricamente neutro al poseer un exceso de cargas positivas o negativas.

Isótopos: Átomos de un mismo elemento que presentan el mismo número atómico pero distinto número másico. Difieren, por tanto, en el número de neutrones. Los hay estables e inestables y radiactivos. Existen isótopos naturales e isótopos artificiales.

Isótopos radiactivos: Isótopos inestables de algunos elementos que se transforman en elementos distintos mediante la emisión de partículas (α, β, neutrones) o de radiación gamma. También se les denomina radioisótopos y radionucleidos.

Justificación: Característica del Sistema de Limitación de Dosis por la que se recomienda no realizar actividades que supongan riesgo de exposición a menos que se derive un beneficio neto de ello.

Lámpara de arco eléctrico: Tipo de lámpara que emite la luz producida por un arco eléctrico o arco voltaico.

Ley de Bergonie y Tribondeau: El efecto de las radiaciones ionizantes sobre las células es tanto mayor cuanto mayor sea su actividad mitótica, cuanto mayor sea su grado de indiferenciación y cuanto más largo sea su porvenir cariocinético, es decir, cuantas más divisiones deba cumplir para adoptar su forma y funciones definitivas.

Lluvia radiactiva: Caída o deposición en la superficie terrestre de partículas radiactivas existentes en la atmósfera, procedentes de una explosión o accidente nuclear.

Masa crítica: Cantidad mínima necesaria de materia combustible para producir una reacción nuclear en cadena.

Masa subcrítica: Masa de material fisionable que para una cierta geometría y composición tiene una constante de multiplicación efectiva menor que la unidad, por lo que no puede mantener una reacción en cadena.

Materia: Cualquier tipo de entidad que forma parte del universo observable, tiene energía asociada, es capaz de interaccionar y tiene una localización espaciotemporal compatible con las leyes de la naturaleza. Toda materia está constituida por moléculas; éstas a su vez por átomos, y éstos por partículas elementales.

Material radiactivo: Según la legislación española, cualquier material que contiene sustancias que emiten radiaciones ionizantes. Según esta definición toda sustancia, incluido el ser humano, es material radiactivo puesto que toda sustancia existente contiene isótopos radiactivos.

Mecánica cuántica: Rama de la Física que explica el comportamiento de la energía y la materia a nivel atómico o de partículas. Explica y revela la existencia del átomo y los misterios de la estructura atómica que la mecánica clásica no podía explicar debidamente.

Medicina Nuclear: Modalidad médica que utiliza los radioisótopos, como fuentes encapsuladas y no encapsuladas, con fines médicos de diagnóstico o terapia.

Medios de contraste: En Diagnóstico por Imagen, sustancias que introducidas por vía oral, rectal o intravenosa se utilizan para definir mejor determinadas estructuras tisulares.

Molécula: Conjunto eléctricamente neutro de al menos dos átomos, unidos por enlaces químicos covalentes o iónicos, que constituye la porción más pequeña de una sustancia pura y conserva todas sus propiedades.

Motor eléctrico: Es la parte de una máquina capaz de hacerla funcionar transformando la energía eléctrica en energía mecánica.

Motor eléctrico de inducción: Es un tipo de motor de corriente alterna en el que la corriente eléctrica es generada por inducción electromagnética del campo magnético de la bobina del estator. Según que el rotor esté formado por uno o varios conductores el sistema será monofásico o polifásico. El primer prototipo fue desarrollado por *Nikola Tesla* en 1888.

Movimientos brownianos: Movimientos aleatorios que se observan en las partículas que se hallan en un medio fluido, líquido o gas, y que son el resultado de los choques, de dichas partículas, contra las moléculas de dicho fluido.

Negatoscopio: Dispositivo que permite ver las radiografías a través de un sistema de iluminación por transparencia del negativo colocado ante un vidrio esmerilado.

Neutrino: Partícula neutra con masa próxima a cero. Son emitidos, por ejemplo, en las desintegraciones radiactivas del núcleo y en las reacciones nucleares solares y su característica más significativa es que apenas interaccionan con la materia.

Neutrón: Partícula subatómica nuclear sin carga eléctrica neta que tiene, al igual que el protón, una unidad de masa atómica. Se encuentra en el núcleo atómico de todos los elementos químicos a excepción del protio (isótopo más abundante del hidrógeno).

Nucleido: Especie atómica que presenta un número definido de protones y neutrones. Nombre genérico aplicado a todos los isótopos conocidos de los elementos químicos.

Núcleo atómico: Parte del átomo donde se concentra la mayor parte (99,9%) de la masa del mismo. Está formado por partículas cargadas positivamente denominadas protones y por partículas neutras, desde el punto de vista eléctrico, denominadas neutrones.

Núcleo del reactor: Región de un reactor nuclear que contiene el combustible y en la que se produce la reacción de fisión nuclear y la liberación de calor.

Núcleo hijo/Nucleido hijo: En una serie o cadena radiactiva todos los núcleos comprendidos entre el núcleo padre y el último núcleo que, ya, es estable.

Núcleo padre/Nucleido padre: En una serie o cadena radiactiva el primer núcleo radiactivo que da comienzo a la serie.

Número atómico: Número de protones existentes en el núcleo atómico de un elemento químico. En un átomo eléctricamente neutro coincide con el número de electrones orbitales.

Número másico: Conjunto de protones y neutrones presentes en el núcleo de un átomo.

Optimización: Característica del Sistema de Limitación de Dosis que recomienda que todas las exposiciones a radiaciones ionizantes han de ser mantenidas en valores tan bajos como sea razonablemente posible.

Partícula radiactiva: Radiación corpuscular emitida por el núcleo inestable de algunos elementos químicos (radiactivos).

Partículas alfa: Partículas fuertemente ionizantes que tienen una masa y una carga similar a un núcleo de helio. Están constituidas por 2 protones y 2 neutrones. Se generan por desintegración de átomos de elementos pesados como uranio, radio, radón y plutonio.

Partículas beta: Partículas cargadas, con la misma masa del electrón, emitidas por núcleos inestables durante el proceso de desintegración radiactiva. Si la carga es negativa son iguales al electrón y si son positivas se trata de positrones. Tienen mayor poder de penetración que las partículas alfa.

Partículas elementales: Actualmente este término se utiliza para referirse a aquellas partículas que no están constituidas por otras partículas más simples. Originariamente, el término se utilizó para describir a las partículas subatómicas como los protones, los neutrones y los electrones hasta que a partir de los años 70 del siglo pasado se demostró que tanto los protones como los neutrones son partículas compuestas de otras partículas más simples.

Período de semidesintegración: Intervalo de tiempo necesario para que el número de átomos de un elemento radiactivo se reduzca a la mitad por desintegración espontánea.

PET: Tomógrafo por emisión de positrones. La tomografía por emisión de positrones consiste en la obtención de imágenes tomográficas de la zona anatómica que se desea estudiar mediante el empleo de una fuente emisora de positrones (radiofármaco), una fuente captadora de rayos gamma (tomógrafo) y un ordenador. La radiación gamma recogida por los detectores servirá de base para la obtención de las imágenes diagnósticas. A diferencia de la tomografía convencional, en la cual se obtienen únicamente imágenes anatómicas de los órganos internos, el estudio por emisión de positrones permite además el estudio de funciones fisiológicas básicas como el flujo sanguíneo, el uso del oxígeno por parte de los tejidos o el metabolismo del azúcar (glucosa), entre otras.

Plutonio: De símbolo Pu, elemento metálico radiactivo que se utiliza en reactores y armas nucleares. Su número atómico es 94.

Positrón: Partícula elemental de igual masa que el electrón pero con carga eléctrica positiva. No forma parte de la materia ordinaria, sino de la antimateria, aunque se produce en algunas transformaciones nucleares.

Procesadora automática: Dispositivo electrónico en cuyo interior tienen lugar los distintos pasos que constituyen el procesado de una película radiográfica (revelado, fijado, lavado y secado).

Protección radiológica: Actividad multidisciplinar de carácter científico y técnico que tiene como objetivo la protección de las personas y del medio ambiente contra los efectos perjudiciales que pueden resultar de la exposición a las radiaciones ionizantes (y cada vez más de la exposición a radiaciones no ionizantes).

Protón: Partícula subatómica, con carga eléctrica positiva, que se encuentra en el núcleo atómico de todos los elementos químicos. El número total de protones, presentes en un núcleo atómico, constituye el número atómico Z.

Radar: Sistema que utiliza ondas electromagnéticas para medir distancias, altitudes, direcciones y velocidades de objetos estáticos o móviles (aviones, barcos, submarinos, formaciones meteorológicas).

Radiación: Energía emitida por un foco emisor que se propaga en el espacio en forma de partículas de alta velocidad y/u ondas electromagnéticas.

Radiación cósmica: Radiación que se produce en las reacciones nucleares que ocurren en el sol y en las demás estrellas.

Radiación dispersa: Radiación que se produce al chocar el haz de rayos X con los objetos que se encuentran en su recorrido.

Radiación electromagnética: Energía que se propaga a través del espacio en línea recta como una doble onda (eléctrica y magnética), ambas en la misma fase. Ordenadas de menor a mayor energía son las siguientes: ondas radioeléctricas, microondas, rayos infrarrojos, rayos luminosos visibles, rayos ultravioleta, rayos X, rayos gamma y radiación cósmica.

Radiación gamma: Radiación electromagnética producida en el fenómeno de desintegración radiactiva. Es muy energética, y con un poder de penetración considerable, siendo necesarios blindajes de hormigón para poder detenerla.

Radiaciones ionizantes: Conjunto de radiaciones de naturaleza corpuscular o electromagnética que en su interacción con la materia producen iones, directa (partículas alfa, partículas beta negativas, positrones) o indirectamente (fotones X y gamma).

Radiación X: Radiación electromagnética de alta energía y muy penetrante que se produce de manera artificial en un tubo de vacío, por la acción de electrones sobre metales. Se trata de una radiación indirectamente ionizante. La radiación X es de naturaleza idéntica a la radiación gamma pero mientras la radiación gamma procede de cambios energéticos ocurridos en el interior del núcleo atómico, la radiación X se origina por procesos atómicos exteriores al núcleo.

Radiactividad: Emisión de radiación ionizante (partícula alfa, beta o neutrón generalmente acompañada de un fotón gamma) de manera espontánea por parte de un núcleo inestable. Se le llama, también, desintegración radiactiva.

Radiactividad natural: Aquella que existe en la naturaleza sin que haya existido intervención humana. Puede provenir de materiales radiactivos existentes en la Tierra desde su formación (primigenios) o de materiales radiactivos generados por la interacción de los rayos cósmicos con materiales de la Tierra que originalmente no eran radiactivos (cosmogénicos).

Radiactividad artificial: Es la radiactividad emitida por un núcleo inestable originado al bombardear un núcleo estable con determinadas partículas subatómicas como por ejemplo partículas alfa. También se la denomina radiactividad inducida.

Radiobiología: Ciencia que estudia los fenómenos que se producen en los seres vivos tras la absorción de energía procedente de las radiaciones ionizantes.

Radiofármaco: Compuesto químico que se introduce en el organismo con fines diagnósticos o terapéuticos y que contiene algún radionucleido. Se utiliza en medicina nuclear para producir imágenes.

Radiofísica: Rama de la Física que se ocupa de todos los aspectos relacionados con las radiaciones y sus efectos.

Radiografía: Imagen de una estructura anatómica registrada bien en una película fotosensible o en formato digital.

Radiología: Especialidad médica que se ocupa de generar imágenes del interior del cuerpo mediante diferentes agentes físicos (rayos X, ultrasonidos, campos magnéticos) y de utilizar estas imágenes para el diagnóstico y el tratamiento de las enfermedades. Se la denomina, también, Radiodiagnóstico y Diagnóstico por Imagen.

Radioscopia: Técnica radiográfica de obtención de imágenes que utiliza la propiedad que tienen los rayos X de generar fluorescencia, al interactuar con algunas sustancias.

Radioterapia: Rama de la medicina que se ocupa fundamentalmente del tratamiento de procesos neoplásicos con el concurso de radiaciones ionizantes (rayos X, rayos gamma, partículas alfa).

Radón: Elemento químico natural (gas noble) de número atómico 86. Es el principal causante de la contaminación radiactiva del personal que trabaja en las minas y fábricas de uranio.

Rayos Catódicos: Haz de electrones que en un tubo electrónico se dirigen del cátodo al ánodo, acelerados por la acción del campo eléctrico existente entre ambos.

Reacción nuclear: Interacción entre núcleos atómicos, núcleos atómicos con partículas elementales o partículas elementales entre sí. La desintegración radiactiva es el tipo más simple de reacción nuclear.

Reacción nuclear en cadena: Sucesión de fisiones nucleares que ocurren de forma casi simultánea. Tienen lugar porque uno de los agentes que provocan la reacción (generalmente un neutrón) es producto de otra de estas reacciones. Supongamos que en una fisión nuclear se liberan 2 neutrones. Estos neutrones pueden fisionar 2 nuevos núcleos atómicos, de donde se liberan 4 nuevos neutrones, los que a su vez harán impacto sobre 4 núcleos atómicos, y así sucesivamente.

Reactor nuclear: Instalación capaz de iniciar, mantener y controlar las reacciones nucleares de fisión en cadena que tienen lugar en el núcleo del mismo.

Residuo radiactivo: Cualquier material o producto de desecho, para el que no está previsto ningún uso, que contiene o está contaminado con material radiactivo en concentraciones o niveles de actividad superiores a los establecidos por las autoridades competentes. Se suele aplicar a los materiales sólidos, mientras que los residuos radiactivos que se evacuan al medio ambiente, en forma líquida o gaseosa, se denominan "efluentes radiactivos".

RMN: Modalidad diagnóstica en la cual las imágenes se obtienen a partir de la información que suministran los núcleos de hidrógeno durante su relajación, tras haber absorbido energía de radiofrecuencia en el interior de un campo magnético intenso.

Roentgenterapia: Utilización con fines terapéuticos de rayos X de baja o media energía (generadores funcionando como máximo a 250 kV).

Serie radiactiva: Conjunto de núcleos radiactivos desde el núcleo padre, que inicia la serie, hasta el último núcleo que ya será estable. Se conocen cuatro series radiactivas; tres de ellas existen en la naturaleza (torio, uranio-radio y uranio-actinio) y la cuarta, la del neptunio, había desaparecido pero las pruebas nucleares la han hecho reaparecer.

Síndrome agudo de irradiación: Síntomas y efectos, incluida la muerte, que acontecen tras la irradiación aguda del organismo entero. Se distinguen tres síndromes: el síndrome de la médula ósea, el síndrome gastrointestinal y el síndrome del sistema nervioso central.

Sinestesia: Sensación subjetiva, propia de un sentido, determinada por otra sensación que afecta a un sentido diferente (por ejemplo, ver un sonido, oler un color, saborear una textura).

Sistema de limitación de dosis: Conjunto de recomendaciones publicado por la ICRP en 1977 y cuyas principales características son la justificación de las exploraciones, la optimización de los valores de exposición y la limitación individual de la dosis recibida por el paciente y el profesional.

Sistema Periódico: Ordenación de los elementos químicos según su número atómico y dispuestos de tal modo que resulten agrupados los que poseen propiedades químicas análogas.

Sistema polifásico: Sistema de producción, distribución y consumo de energía eléctrica formado por dos o más tensiones iguales con diferencia de fase constante, que suministran energía a las cargas conectadas a las líneas.

SPECT: Tomógrafo de emisión de fotón único. Para la realización de la exploración se administra, previamente, al paciente un isótopo radioactivo endovenoso siendo la radiación gamma recogida por los detectores la que servirá de base para la obtención de las imágenes diagnósticas.

Spin: Propiedad intrínseca de las partículas al igual que la carga o la masa. El valor del spin de un núcleo estará en función del número de protones y de neutrones que contenga. Los protones y neutrones dentro del núcleo tienden, por apareamiento, a la anulación del spin total ya que se trata de una situación muy favorable desde el punto de vista energético. Las partículas elementales (electrones, protones y neutrones) tienen spin de valor ½. Todas las partículas con spin no nulo tienen asociado un vector momento magnético.

Teleterapia: Radioterapia en la cual la fuente de irradiación está a cierta distancia del paciente en equipos de grandes dimensiones, como son la bomba de cobalto y el acelerador lineal de electrones.

Tomografía: Técnica exploratoria radiográfica que permite obtener imágenes radiológicas de una sección o un plano de un órgano.

Tomografía convencional: Procedimiento de exploración radiológica que tiene por objeto obtener la imagen de una delgada capa de órgano a la profundidad deseada.

Tomógrafo convencional: Tomógrafo en el que la imagen se obtiene a partir del desplazamiento simultáneo del tubo y la película alrededor de un eje que pasa por el plano de interés. Las imágenes obtenidas resultan netas a nivel de este plano mientras que sobre los planos situados por delante y por detrás aparecen difuminadas.

Tomógrafo computerizado: Equipo que utilizando radiación X permite obtener imágenes seccionales del cuerpo en distintos planos anatómicos. Se le denomina TAC, TC y CT.

Tomógrafo por Resonancia Magnética: Equipo de RMN con el que se obtienen imágenes seccionales del cuerpo en distintos planos anatómicos. Recibe denominaciones diversas (resonador, magneto, máquina de resonancia, imán).

Transformador: Dispositivo eléctrico que permite aumentar o disminuir la tensión (voltaje o diferencia de potencial) en un circuito eléctrico de corriente alterna manteniendo la potencia.

Transformador ideal: Es aquel en el que no se producen pérdidas; es decir, la potencia que ingresa al dispositivo es igual a la que se obtiene a la salida.

Transmisión inalámbrica de energía: Método de transferencia de energía consistente en la transmisión de potencia eléctrica desde una fuente de alimentación hasta una carga de consumo sin necesidad de conductor eléctrico.

Transmutación: En física nuclear, conversión de un elemento químico en otro distinto inducida por una reacción nuclear o espontáneamente por una desintegración radiactiva.

Tubo de Rayos X: Dispositivo que consiste básicamente en un cátodo y un ánodo situados dentro de un envase de vidrio en el que se ha practicado el vacío. En los tubos actuales el cátodo es un filamento de tungsteno que al ser calentado (al hacer discurrir por él una determinada intensidad de corriente) emite electrones. Aplicando una diferencia de potencial entre los dos electrodos, los electrones son acelerados hacia el ánodo (tungsteno/molibdeno). Unos chocan con él y otros son frenados bruscamente; como consecuencia de ello se produce la emisión de radiación electromagnética, con un espectro continuo de energías entre 15 y 150 KeV que es lo que conocemos como rayos X.

Ultrasonidos: Ondas acústicas o sonoras cuya frecuencia está por encima del umbral de audición del oído humano. Son la fuente de energía utilizada en la modalidad diagnóstica denominada Ecografía.

Uranio: Último elemento natural del Sistema Periódico que se caracteriza por disponer de 92 protones y entre 141 y 146 neutrones en el núcleo, además de 92 electrones en distintos niveles de energía en torno al núcleo. Presenta tres isótopos (238U, 235U y 234U), todos ellos inestables y emisores alfa.

Uranio enriquecido: Uranio con un contenido en 235U superior al del uranio natural tras haber sido sometido a un proceso de enriquecimiento basado en la separación de isótopos. Se utiliza en armas nucleares, reactores comerciales de agua ligera, reactores de agua pesada, reactores de investigación y para propulsar submarinos nucleares.

Uranio empobrecido: Uranio con un contenido del isótopo fisible 235U inferior al del uranio natural (0,71 %). Se encuentra en el combustible gastado o como residuo del proceso de enriquecimiento.

Vida media: Tiempo necesario para que la actividad de una sustancia radiactiva se reduzca a la mitad.

Zonas señalizadas: Zonas o áreas de trabajo en las que, por existir riesgo de irradiación y/o contaminación, debe existir señalización específica advirtiendo de dicho riesgo.

FOTOGRAFÍAS

1.- **Wilhelm Conrad Röntgen**: Wikipedia Dominio Público

2.- **Pierre y Marie Curie en el laboratorio de la calle Lhomond hacia 1900**: Wikimedia Commons Dominio Público

3.- **Tratamiento con radium**: Historia de la Braquiterapia (Dr. Ignacio Petschen Verdaguer)

4.- **Ford T y receptor de radio**: Dominio Público

5.- **Bañistas en la playa del Lago Michigan**: Wikipedia Dominio Público

6.- **Madre Emigrante durante la Gran Depresión**: Wikipedia Dominio Público

7.- **Proclamación de la 2ª República**: Wikimedia Commons Licencia CC BY-SA 3.0 (Autor: Josep María Sagarra)

8.- **Visita de Marie Curie a Celedonio Calatayud**: Wikimedia Commons Dominio Público

9.- **Frederick G. Banting y Charles H. Best**: Wikipedia Dominio Público

10.- **Alexander Fleming en su laboratorio**: Wikipedia Dominio Público

11.- **Laboratorio de Rutherford en el Cavendish Laboratory**: Wikimedia Commons Licencia CC BY-SA 2.0 (Autor: Science Museum London/ Science and Society Picture Library)

12.- **Missy Melonie con la familia Curie**: Wikipedia Dominio Público

13.- **Tumba de Pierre y Marie Curie**: Wikimedia Commons Licencia CC BY-SA 3.0

14.- **Albert Einstein en 1947**: Dominio Público

15.- **El doctor Einstein en Zaragoza**: El Periódico de Aragón

16.- **Albert Einstein con kipá**: http://estadodeisrael.com

17.- **Esquema de las leyes del desplazamiento (Leyes de Soddy)**: Wikipedia Dominio Público

18.- **Isótopos del hidrógeno**: Wikipedia Licencia CC BY-SA 3.0 (Autor: Dirk Hünniger)

19.- **Niels Böhr e hijo**: http://blogs.ua.es (Universidad de Alicante)

20.- **Réplica de un espectrómetro de masas**: Wikimedia Commons Licencia CC BY-SA 3.0 (Autor: Jeff Dahl)

21.- **Robert A. Millikan**: Wikipedia Dominio Público

22.- **Karl Manne Georg Siegbahn** y **Kai Manne Börje Siegbahn**: Wikipedia Dominio Público y Wikimedia Commons Licencia CC BY-SA 3.0 (Autor: Jan Collsiöö)

23.- **Efecto Compton**: Wikipedia Dominio Público

24.- **Irène y Frédéric Joliot Curie en 1935**: Wikipedia Dominio Público

25.- **Irène y Frédéric Joliot Curie en 1940**: Wikimedia Commons Dominio Público (Autor: James Lebenthal)

26.- **Paul Dirac**: Wikipedia Dominio Público (Nobel Foundation)

27.- **James Chadwick**: Wikipedia Dominio Público

28.- **Enrico Fermi**: Wikipedia Dominio Público

29.- **Ciclotrón**: You Tube /Autora: Valentina Prado Guevara)

30.- **Otto Stern e Isidor Isaac Rabi**: Wikipedia Dominio Público

31.- **Otto Hahn y Lise Meitner**: Wikimedia Commons Dominio Público

32.- **Lise Meitner en la Universidad Humboldt de Berlin**: Wikimedia Licencia CC BY-SA 4.0 (Autora: Anna Franziska Schwarzbach)

33.- **Pauli de joven**: Wikipedia Dominio Público

34.- **Felix Bloch y Edward Purcell**: Wikimedia Commons Dominio Público

35.- **Pauling**: Wikipedia Dominio Público

36.- **Albert A. Michelson**: Wikipedia Dominio Público

37.- **Louis de Broglie**: Wikipedia Dominio Público

38.- **Werner Heisenberg**: Wikipedia Licencia CC BY-SA 3.0 (Autor: Desconocido)

39.- **Farm Hall**: Wikipedia Dominio Público

40.- **Julius Robert Oppenheimer**: Wikimedia Commons Dominio Público

41.- **Trinity**: Wikipedia Dominio Público

42.- **Entrega del premio Enrico Fermi a Oppenheimer**: Departamento de Energía de EEUU (http://historiaybiografias.com/)

43.- **Ernest Solvay**: Wikipedia Dominio Público

44.- **Vista panorámica de la empresa Solvay en Torrelavega**: Wikimedia Commons Licencia CC BY-SA 3.0 (Autor: Dagane)

45.- **1ª Conferencia Solvay de Física 1911**: Wikipedia Dominio Público

46.- **2ª Conferencia Solvay de Física 1913**: Wikipedia Dominio Público

47.- **3ª Conferencia Solvay de Física 1921**: Wikipedia Dominio Público

48.- **1ª Conferencia Solvay de Química 1922**: Wikipedia Dominio Público

49.- **4ª Conferencia Solvay de Física 1924**: Wikipedia Dominio Público

50.- **5ª Conferencia Solvay de Física 1927**: Wikipedia Dominio Público

51.- **6ª Conferencia Solvay de Física 1930**: Wikipedia Dominio Público

52.- **Blas Cabrera**: Wikimedia Commons Licencia CC BY SA-3.0 (Autora: Eulogia Merle)

53.- **7ª Conferencia Solvay de Física 1933**: Wikipedia Dominio Público

54.- **Cuadro de las Conferencia Solvay de Física**: Las Conferencias Solvay.- Una oportunidad para la didáctica (Gabriel Pinto, Manuela Martín y María Teresa Martín)

55.- **Nernst, Einstein, Planck, Millikan y Von Laue**: Wikimedia Commons Dominio Público

56.- **Marie Curie y Einstein**: Wikimedia Commons Dominio Público

57.- **Einstein y Böhr**: Wikimedia Commons Dominio Público

58.- **Auguste Piccard**: Wikipedia Licencia CC BY-SA 3.0 (Bundesarchiv Bild)

59.- **Profesor Tornasol en las aventuras de Tintín**: http://listas.20minutos.es

60.- **Tubo de Coolidge**: Dominio Público

61.- **Esquema de parrilla antidifusora**: Autor

62.- **Eddy Clifford Jerman y logo de la ASRT**: www.asrt.org

63.- **George Eastman y logo de Kodak**: Wikipedia Dominio Público

64.- **Películas Films Pathé y Agfa-Röntgen**: http://hicido.uv.es

65.- **Aparato Portátil de Rayos de finales de los años 30**: Museo de la Medicina. Real del Monte, Hidalgo, México

66.- **Equipo dual radiografías-radioscopia**: Dominio Público

67.- **Procesadora automática**: Autor

68.- **Manos de Kassabian**: Wikipedia Dominio Público

69.- **Quemaduras por fluoroscopia médica**: Wikipedia Licencia CC BY-SA 3.0 (LK Wagner, PhD)

70.- **Portada de publicación de la ICRP**: http://www.icrp.org/

71.- **Cleveland Clinic**: Wikipedia Licencia CC BY-SA 4.0 (HealthMonitor)

72.- **Núcleo de piridina**: Wikipedia Dominio Público

73.- **Generador de Van der Graaff y esquema**: Wikipedia Licencia CC BY 3.0 (Autor: Zátonyi Sándor) y Wikipedia Licencia CC BY-SA 2.5

74.- **Prototipo de Ziedses des Plantes (1931)**: Elsevier Revista Argentina de Radiología

75.- **Tomografía lineal**: Wikimedia Commons Licencia CC BY-SA 3.0 (Autor: SCiardullo)

76.- **Radar de la 2ª Guerra Mundial**: http://historiaybiografias.com/

77.- **Fotofluorógrafo de Abreu**: http://www.habervitrini.com

78.- **Abreugrafía en serie**: Fundação João Fernández de Cunha

79.- **Primer Microscopio Electrónico**: Universidad de Málaga (http://www.uma.es)

80.- **Sistema procesador de xerorradiografías**: Elsevier Imagen Diagnóstica

81.- **Memorial de Hamburgo**: Wikimedia Commons Dominio Público (Autor: Gerhard Kemme)

82.- **Terapia con rayos X hacia 1928**: http://www.ilsussidiario.net

83.- **Pabellón Pasteur del Instituto del Radio de París**: Dominio Público

84.- **Claudius Regaud en el Pabellón Pasteur**: http://musee.curie.fr

85.- **Marie Curie y Claudius Regaud en Polonia en mayo de 1932**: http://musee.curie.fr

86.- **Aplicación de radio a un paciente**: http://musee.curie.fr

87.- **Hugh Hampton Young**: Wikipedia Dominio Público (Autora: Doris Ulmann)

88.- **José Goyanes Capdevila**: http://drlancina.blogspot.com.es

89.- **Alejandro Otero Fernández**: http://obsgin.urg.es

90.- **Lluis Guilera Molas**: http://www.galeriametges.cat

91.- **Irène y Frédéric Joliot-Curie**: http://fisica.cubaeduca.cu

92.- **Radiactividad artificial**: http://fisica.cubaeduca.cu

93.- **Eben MacBurney Byers**: Wikimedia Commons Dominio Público

94.- **Envase de Radithor**: Wikipedia Licencia CC BY-SA 2.0 (Autor: Sam LaRussa)

95.- **William John Aloysius Bayley**: http://atomicsarchives.chez.com/

96.- **Fisión del Uranio-235**: El Proyecto Manhattan y la reacción en cadena (Carlos Velázquez)

97.- **Reacción en cadena**: El Proyecto Manhattan y la reacción en cadena (Carlos Velázquez)

98.- **Leó Szilard**: www.biografiasyvidas.com

99.- **Los Álamos**: https://www.youtube.com/watch?v=SXyCN0iC7Hk

100.- **Equipo del Chicago Pile 1**: Wikipedia Dominio Público

101.- **Leslie Groves y Oppenheimer tras la prueba Trinity**: Wikipedia Dominio Público

102.- **Réplica de la bomba original Little Boy**: Wikipedia Dominio Público

103.- **Réplica de la bomba original Fat Man**: Wikipedia Dominio Público

104.- **Nube atómica sobre Hiroshima**: Wikipedia Dominio Público

105.- **Hongo nuclear sobre Nagasaki**: Wikipedia Dominio Público

106.- **Einstein junto a Oppenheimer**: Wikipedia Dominio Público

107.- **Primera Conferencia Pugwash**: Pugwash.org

108.- **Sexagésima primera Conferencia Pugwash**: Pugwash.org

109.- **Joseph Rotblat Nobel de la Paz**: http://www.lanacion.com.ar

110.- **Tesla cuando contaba 40 años**: Wikipedia Dominio Público

111.- **Motor de inducción bifásico de Tesla**: Wikimedia Commons CC BY-SA (Autor: Romain Ramier)

112.- **Tesla con una lámpara brillando en la mano**: Wikimedia Commons Dominio Público (Autor: Napoleon Sarony)

113.- **Esquema del avión de despegue vertical VTOL**: United States Patent Office. Dominio Público

114.- **Thomas Alva Edison en 1922**: Wikipedia Dominio Público

115.- **Cableado aéreo en Nueva York (1887)**: José Antonio Acevedo Díaz y Antonio García-Carmona: Una controversia de la Historia de la Tecnología para aprender sobre Naturaleza de la Tecnología: Tesla *vs*. Edison-La guerra de las corrientes. Licencia Creative Commons BY

116.- **George Westinghouse hacia 1910**: Wikipedia Dominio Público

117.- **La Guerra de las Corrientes**: Ronald Y. Barazarte: La Batalla de las Corrientes.- Edison, Tesla y el nacimiento del sistema de potencia

118.- **Receptor de radio de Tesla**: Wikipedia Dominio Público

119.- **Exposición Universal de Chicago de 1893**: Rafael Benguria: Nikola Tesla (1856-1943).- El inventor que iluminó al mundo.

120.- **Barco dirigido por control remoto**: Wikipedia Dominio Público

121.- **Central Hidroeléctrica de las Cataratas del Niágara**: University at Buffalo-The State University of New York (http://library.buffalo.edu)

122.- **Radiografía de la mano de Tesla**: Alberto Villarejo-Galende, Alejandro Herrero-San Martín: Nikola Tesla.-Relámpagos de inspiración

123.- **Tesla ante la bobina de su transformador de alto voltaje**: Dominio Público

124.- **Tesla sentado en Colorado Springs junto a su generador de alta tensión**: Wikimedia Commons Dominio Público

125.- **Guglielmo Marconi**: Wikipedia Dominio Público

126.- **Retrato de John Pierpont Morgan**: Wikipedia Dominio Público (Autor: Carlos Baca-Flor)

127.- **Wardenclyffe Tower**: Wikipedia Dominio Público

128.- **Medalla Edison**: Wikipedia Dominio Público

129.- **Portada de la revista Time en 1931**: Wikimedia Commons Dominio Público

130.- **Nikola Tesla a los 79 años**: Rafael Benguria: Nikola Tesla (1856-1943): El inventor que iluminó al mundo

131.- **Billete de 100 dinares, de la antigua Yugoslavia, con la imagen de Tesla**: Wikimedia Commons, Dominio Público

132.- **Placa en memoria de Nikola Tesla situada en el exterior del New Yorker Hotel**: Wikimedia Commons CC BY-SA 3.0

133.- **Funeral de Nikola Tesla**: http://nikolateslamuseum.org

134.- **Fachada del Museo Tesla de Belgrado**: Wikimedia Commons CC BY-SA 3.0

135.- **Dibujo de Nikola Tesla**: Wikipedia Dominio Público
Firma de Nikola Tesla: Wikipedia Dominio Público

BIBLIOGRAFÍA

LIBROS

Bailey Ogilvie, Marilyn.- *Marie Curie. A biography*. Greenwood Press, 2004.

Calvo Pérez, Eloy.- Historias de la Radiología: De Roentgen a la Gran Guerra. Amazon, 2017.

Calvo Pérez, Eloy.- Protección radiológica en diagnóstico por imagen. Glosario de términos básicos. Amazon, 2016.

Cheney, Margaret.- Nikola Tesla: El genio al que le robaron la luz. Editorial Turner (Colección Noema). Enero, 2010. ISBN: 978-84-7506 -878-7

Curie, Ève.- La vida heroica de Marie Curie, descubridora del radio, contada por su hija. Madrid. Espasa Calpe, 1981.

Curie, Ève.- *Madame Curie*. París, Ed. Gallimard.1938.

Curie, Marie.- *La Radiologie et La Guerre*. Librairie Félix Alcan, París, 1921.

Curie, Marie.- *Recherches sur les substances radioactives*. Tesis Doctoral. Gauthier-Villars, 1903.

European Society of Radiology.- Historia de la Radiología. Volumen 1. Octubre de 2012.

Guerra Guirao, J. Antonio.- Contrastes radiológicos. Aproximación al uso de los medios de contraste radiológicos. Iberoinvesa Pharma, 2015.

Hawking, Stephen.- El Universo en una cáscara de nuez. Editorial Planeta S.A., 2002.

Lindell, Bo.- Historia de la radiación, la radiactividad y la radioprotección. Tomo I: La Caja de Pandora en el periodo previo a la Segunda Guerra Mundial. Editado por la Sociedad Argentina de Radioprotección, 2012.

Tesla, Nikola.- Firmado: Nikola Tesla. Escritos y cartas, 1890-1943. Editorial Turner (Colección Noema). Noviembre, 2012. ISBN 978-84-7506-811-4

Tesla, Nikola.- Yo y la energía. Editorial Turner (Colección Noema). Junio, 2011. ISBN 978-84-7506- 293-8

Tucci R., Álvaro.- Radiodiagnóstico y Radioterapia. Lulu.com, 2012.

ARTÍCULOS

Acevedo Díaz, J. A.; García-Carmona, Antonio.- Una controversia de la Historia de la Tecnología para aprender sobre Naturaleza de la Tecnología: Tesla vs. Edison-La guerra de las corrientes. 2016. ISSN (impreso): 0212-4521 / ISSN (digital): 2174-6486

A.F.P.P.E.- *Le Manipulateur d'électroradiologie médicale et de radiothérapie*. Número especial de l'Association Française du Personnel Paramédical d'Electroradiologie, 1995.

Busch, Uwe.- Wilhelm Conrad Roentgen. El descubrimiento de los rayos X y la creación de una nueva profesión médica. Revista argentina de radiología. Vol. 80. Diciembre 2016.

Buzzi, A.E. y M.V. Suárez, M.V.- Tomografía lineal: nacimiento, gloria y ocaso de un método (*Linear Tomography: Birth, glory and decline of a method*). Revista Argentina de Radiología, 2013.

Cornejo Alemán, Luis Manuel.- El descubrimiento del radium y la radioterapia. Historia de la radioterapia en Panamá. Revista Médico Científica. Facultad de Medicina. Universidad de Panamá.

Estaba, Ramón J.; Labarca, Fredy.- Responsabilidad ética del científico durante la ejecución de un conflicto bélico (https://ramonestaba.wordpress.com)

Fraile Moreno, Eduardo; García del Salto Lorente, Laura.- Medios de contraste yodados iónicos: moléculas y propiedades. Monografía SERAM. Medios de contraste en Radiología. 2007.

García, Maia.- Lisa Meitner, la científica que descubrió la fisión nuclear (Pikaramagazine.com). 2012.

González Álvarez, Joaquín.- Lisa Meitner, un Nobel no otorgado (Pikaramagazine.com). 2008.

Jiménez Domínguez, Rolando V.- El método en la tecnología: Edison y Tesla, dos estilos contrastantes de aproximación a la inventiva. Revista de la Asociación Mexicana de Metodología de la Ciencia y de la Investigación, A.C. Enero-Junio, 2010.

Ynduráin Muñoz, F.J.- El "Club del Uranio" de Hitler y el Programa Atómico Alemán en la Segunda Guerra Mundial. Revista de la Real Academia de Ciencias Exactas, Físicas y Naturales (España). Volumen 100, N°1. 2006.

Muñoz Garzón, Víctor M.; Panadés Nigorra, Gil.- 100 años de Radioterapia. Revista Medicina Balear. 1995.

Musée Curie.- *Claudius Regaud (1870-1940), pionnier de la radiothérapie.*

Musée Curie.- *Irène et Frédéric Joliot-Curie, un couple de savants.*

Petschen Verdaguer, Ignacio.- Historia de la Braquiterapia. Discurso de inauguración del curso 2011 de la Real Academia de Medicina y Ciencias Afines de la Comunidad Valenciana. 2011.

Pinto Gabriel; Martín, Manuela; Martín, María Teresa.- Las Conferencias Solvay: una oportunidad para la didáctica (Partes I y II). Conciencias.digital. Revista de divulgación científica de la Facultad de Ciencias de Zaragoza. 2015.

Ramírez Arias, J.L.- Desafíos de la especialidad de radiología en las siguientes décadas. Anales de Radiología México, 2015.

Rodríguez Salvador, Jorge Juan.- Historia y Técnicas obsoletas. Abreugrafía. Revista Imagen diagnóstica. 2013

Teixidó Gómez, Francisco.- Los rayos X en España. 2015. (Espanaciencia.blogspot.com.es/2015/03/los-rayos-x-en-espana.html).

Velázquez Olivera, Carlos Alberto.- El proyecto Manhattan y la reacción en cadena. 2015. (http://www.cienciorama.unam.mx)

Villarejo-Galende Alberto, Herrero-San Martín Alejandro.- Nikola Tesla: Relámpagos de inspiración. Revista Neurología 2013; 56: 109-114.

PÁGINAS WEB

http://aetr.net/ (Asociación Española de Técnicos en Radiología, Radioterapia y Medicina Nuclear)

https://archive.org/ (*Internet Archive*)

www.asrt.org (*American Society of Radiologic Technologists*)

http://www.biografiasyvidas.com (Enciclopedia Biográfica)

https://cienciasomostodos.wordpress.com/ (Científicos del siglo XX y su legado)

www.claseshistoria.com (Revista digital de Historia y Ciencias Sociales)

https://commons.wikimedia.org (Mediateca de archivos libres)

http://educalab.es (Instituto Nacional de Tecnologías Educativas y de Formación del Profesorado)

www.elsevier.es (Editorial Elsevier).

http://fisica.cubaeduca.cu (Portal Educativo Cubano)

http://gallica.bnf.fr (*Bibliothèque Nationale de France*)

http://hemerotecadigital.bne.es (Hemeroteca Digital de la Biblioteca Nacional de España)

http://www.info-farmacia.com (Dr. López Tricas)

https://www.kshs.org (*Kansas Historical Society*)

http://laaventuradelaciencia.blogspot.com.es (Divulgación científica)

http://www.mcnbiografias.com (Enciclopedia Universal Micronet)

http://www.mcnikolatesla.hr/ (Memorial Tesla de Zagreb)

http://musee.curie.fr (Museo Curie de París)

http://naukas.com (Ciencia, escepticismo y humor)

https://www.nobelprize.org/ (Web oficial de los Premios Nobel) https://pugwash.org/ (Conferencias Pugwash sobre Ciencia y Asuntos Mundiales)

http://www.residencia.csic.es/ (Residencia de Estudiantes)

https://www.rsna.org (*Radiological Society of North America*)

http://www.sar.org.ar (Sociedad Argentina de Radiología)

http://www.scielo.org.ar (*Scientific Electronic Library Online*)

http://www.seram.es (Sociedad Española de Radiología Médica)

http://www.tesla-museum.org/ (Museo Nikola Tesla de Belgrado)

http://www.teslasociety.com/ (*Tesla Memorial Society of New York*)

https://www.uspto.gov/ (*United States Patent and Trademark Office*)

https://es.wikipedia.org (Enciclopedia libre)

EXPOSICIONES

Fundación Telefónica.- Cuaderno de profesores de la exposición "Nikola Tesla: suyo es el futuro"

Museo de Historia de Croacia (Zagreb)/Museo Técnico (Zagreb).- Nikola Tesla: El hombre que iluminó el mundo. ISBN 978-953-6046-37-7

www.ingramcontent.com/pod-product-compliance
Lightning Source LLC
Chambersburg PA
CBHW081717220526
45468CB00008B/1875